洞庭湖流域
水库联调及分蓄洪
关键技术研究

莫军成　徐悦　杨家亮　徐贵　卜继勘　刘攀　等　著

中国水利水电出版社
www.waterpub.com.cn

·北京·

图书在版编目（CIP）数据

洞庭湖流域水库联调及分蓄洪关键技术研究 / 莫军成等著. -- 北京：中国水利水电出版社，2024. 8.
ISBN 978-7-5226-2668-0

Ⅰ. TV87

中国国家版本馆CIP数据核字第2024GU2311号

审图号：湘 S（2023）106 号

书　　　名	**洞庭湖流域水库联调及分蓄洪关键技术研究** DONGTING HU LIUYU SHUIKU LIANDIAO JI FENXUHONG GUANJIAN JISHU YANJIU	
作　　　者	莫军成　徐　悦　杨家亮　徐　贵　卜继勘　刘　攀　等著	
出 版 发 行	中国水利水电出版社 （北京市海淀区玉渊潭南路1号D座　100038） 网址：www. waterpub. com. cn E - mail：sales@mwr. gov. cn 电话：（010）68545888（营销中心）	
经　　　售	北京科水图书销售有限公司 电话：（010）68545874、63202643 全国各地新华书店和相关出版物销售网点	
排　　　版	中国水利水电出版社微机排版中心	
印　　　刷	河北鑫彩博图印刷有限公司	
规　　　格	184mm×260mm　16 开本　11.75 印张　301 千字	
版　　　次	2024 年 8 月第 1 版　2024 年 8 月第 1 次印刷	
印　　　数	0001—1000 册	
定　　　价	**98.00 元**	

《洞庭湖流域水库联调及分蓄洪关键技术研究》
撰 写 人 员

莫军成　徐　悦　杨家亮　徐　贵　卜继勘
刘　攀　申幸志　彭赤彬　李　良　卓志宇
常世名　王淑云　苑如玮　于思洋　浦煜晗
周小青　卜欧文　汤小俊　胡　可　王绍兵
钟　霞　卢留虎　王奕博　李　觅　崔彦朋
陈伯文　宋　平　王　栋　卿　颖　余　韬
王晋之　张雨林　杨名杰　杨译舒

撰 写 单 位

湖南省水利水电勘测设计规划研究总院有限公司
武汉大学

前　言

洞庭湖位于湖南省北部、长江中游荆江河段南岸，为我国第二大淡水湖泊。洞庭湖汇集湘、资、沅、澧四水及湖周中小河流，承接长江干流荆江河段南岸松滋、太平、藕池、调弦（1958年冬建闸控制）四口分流，在城陵矶附近汇入长江，具有较强的洪水调蓄功能。因长江、四水洪水特征各异，致使洪水组合情况较为复杂。四水洪水情势变化不仅关系洞庭湖湖区的防洪形势，一旦洪水与长江干流遭遇，还会影响长江中下游地区的防洪安全。

为研究湖南四水洪水不利组合及防洪调度，增强洞庭湖区防洪能力，2020年湖南省重点领域研发计划设立了"湖南省四水洪水不利组合及防洪调度研究"（编号：2020SK2129）项目，并对该项目涉及的4个重大关键技术难题进行专题研究。2019年4月—2023年12月，经过4年多的努力，终于圆满完成了全部研究内容，在研究成果的基础上归纳提炼成本书。

本书的主要内容来自"湖南省四水洪水不利组合及防洪调度研究"中的部分研究成果，另包含笔者在该研究领域多年成果的总结，书中还引用了国内外多位学者专家的成果。全书共分6章，其中：第1章为概况；第2章为四水及洞庭湖流域灾害性洪水；第3章为水库群汛限水位动态控制关键技术；第4章为流域水库群联合防洪优化调度模型与重点区域防洪调度方案；第5章为洞庭湖区洪水演进及分蓄洪关键技术；第6章为结论与建议。本书可供从事流域、区域水工程防洪调度设计、科研和管理等相关领域人员参考。希望本书的出版有助于提高我国流域、区域水工程防洪调度设计、科研和管理水平，助力流域、区域水工程调度工作再上新台阶。

本书是"湖南省四水洪水不利组合及防洪调度研究"项目参与人员集体智慧的结晶，本书编撰中，依托湖南省洞庭湖防洪及水资源保障工程技术研究中心、湖南省智慧水利数字孪生工程技术研究中心等科技平台，得到了湖南省水旱灾害防御事务中心、湖南省洞庭湖水利事务中心、湖南省水文水资源勘测中心、各市州水利局和国网湖南省电力有限公司、五凌电力有限公司、湖南澧水流域水利水电开发有限责任公司等企事业单位的大力支持，本书的出版得益于湖南省水利水电勘测设计规划研究总院有限公司的大力支持，得到了湖南省重点领域研究计划项目资金支持。在此表示诚挚感谢！

受时间和作者水平所限，书中难免存在错误和不足之处，恳请读者不吝赐教。

作者

2024 年 7 月于长沙

目 录

第1章 概 况

1.1 湖南省水系基本情况

湖南省地处长江中游以南，南岭以北，东邻江西，西接重庆、贵州，南连两广，北毗湖北，土地总面积 21.18 万 km^2。全省境内河流水系众多，流域面积 $50km^2$ 以上的河流有 1301 条，总长度 4.6 万 km，分属长江和珠江两大流域，其中 96.6% 属长江流域洞庭湖水系，3.4% 属于珠江流域和长江流域的鄱阳湖、黄盖湖水系。湘江、资水、沅江、澧水（以下简称"四水"）纵贯全省，汇入洞庭湖。洞庭湖是我国第二大淡水湖，蓄纳四水，吞吐长江，洞庭湖区水网密布，江湖关系复杂，防洪堤线长，是全国治水的重点和难点，素有"万里长江，险在荆江，难在洞庭"之说。

湖南省河流水系情况如图 1-1 所示。

1.2 研 究 背 景

为贯彻落实习近平总书记在深入推动长江经济带发展座谈会上的重要讲话精神和关于做好防汛救灾工作的重要批示精神，深刻认识极端天气气候事件对我国流域治理体系和治理能力的重大考验和警示，有效应对洪水灾害领域的"黑天鹅"事件，全面提升湖南省四水流域及洞庭湖区的防洪能力，实现洞庭湖流域治理体系现代化和治理能力现代化，湖南省领导高度关注四水及洞庭湖区的防洪问题，亲自拟定"湖南省四水洪水不利组合及防洪调度研究"课题，批示"防洪调度要作重大课题安排"，省应急管理厅、省水利厅全程跟踪。

四水、洞庭湖及长江水系复杂，洪水遭遇概率高，过程历时长，组合情况复杂，洪灾发生频繁，2016—2020 年期间，2016 年、2017 年、2019 年都发生过流域性洪水，灾区损失巨大。洞庭湖流域建有 13737 座水库（截至 2020 年 10 月 31 日，湖南省水利厅、湖南省统计局公告数据显示），水库群规模庞大，联合防洪调度难度巨大。目前，国内外正在开展长江流域在大规模水库群、多河流、跨区域联合防洪调度方面的相关研究，需在理论上、技术上、方法上取得研究成果并突破。

1.3 研 究 重 点 与 任 务

研究重点：主要包括洪水及洪水遭遇、江河湖关系、水库挖潜、水库群联合防洪调度、"水库群＋堤防＋蓄滞洪区"综合调度以及系统集成开发等。研究任务如下：

1

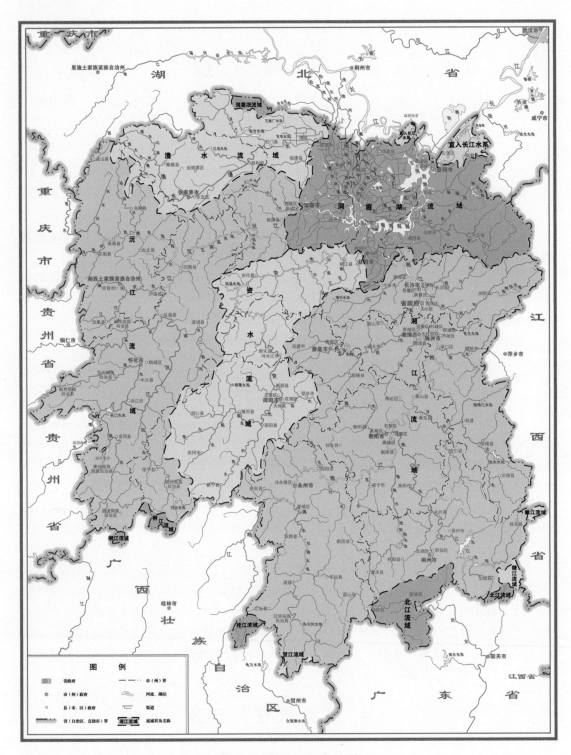

图 1-1　湖南省河流水系图

辨析洞庭湖灾害性洪水形成机理及多源洪水遭遇规律；基于湖南省气象降水精细化数值预报与水文洪水预报耦合系统，攻克汛限水位动态控制关键技术，提升防洪效益和洪水资源利用率；研究面向多区域防洪目标和基于逐次优化理论的水库群防洪调度协调技术，解决四水及洞庭湖区整体防洪与区域防洪耦合的建模难题，实现面向多区域防洪目标的水库群防洪联合调度；解决一体化调度系统集成开发中系统规模和时空尺度庞大、硬件体系结构和软件逻辑复杂的技术难题，为洞庭湖流域水库群防洪调度应用提供科学决策支撑。

1.4　研究技术难点

（1）洞庭湖流域水库群规模庞大，大规模、多河流、跨区域联合防洪调度难度巨大。

（2）联合防洪调度系统集成开发中系统规模和时空尺度庞大、硬件体系结构和软件逻辑复杂。

1.5　研究技术路线

研究设置4项子任务，研究技术路线如图1-2所示。

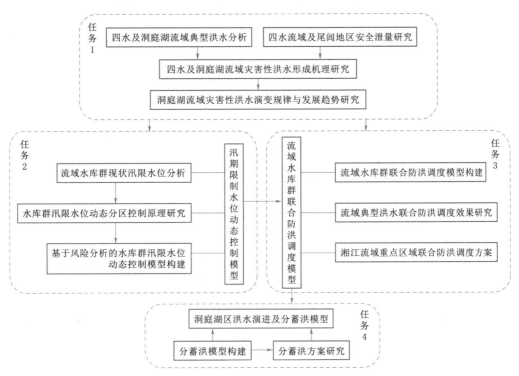

图 1-2　研究技术路线图

第2章 四水及洞庭湖流域灾害性洪水

2.1 四水及洞庭湖流域典型洪水分析

2.1.1 湘江

湘江流域汛期为每年3—8月，年最大洪水多发生在4—8月，其中5月、6月、7月出现洪水次数最多[1]。湘潭水文站量级18000m³/s以上洪水均发生在5月中旬至7月中旬，量级20000m³/s以上洪水均发生在6月中旬至7月中旬。

1968年、1994年、2019年3个典型年湘潭水文站流量在20000m³/s以上超额洪量分别为0.21亿m³、1.48亿m³、9.76亿m³，超额时长分别为20h、74h、64h；以1994年洪水为典型，湘潭水文站200年、100年一遇流量在20000m³/s以上超额洪量分别为11.8亿m³、7.23亿m³，超额时长分别为178h、152h。

湘江流域支流众多，洪水组成情况复杂。湘江流域既有中上游洪水（1976年，1978年）、中下游洪水（1954年、1962年、1998年、2019年洣水、渌水特大洪水）、下游洪水（1982年，洣水特大洪水），又有支流域洪水（1968年、1994年、2003年、2006年，耒水特大洪水；2010年、2017年，沩水、浏阳河特大洪水）。湘江湘潭水文站发生量级19000m³/s以上的灾害性洪水时，老埠头（冷水滩）水文站流量在7000m³/s以上，洣水流域洪水流量基本在3000m³/s以上，二者与湘江干流洪水遭遇的概率非常高。

湘江流域典型洪水年份主要有1954年、1962年、1968年、1972年、1978年、1982年、1994年、2003年、2010年、2017年、2019年等，湘潭水文站实测流量均超过河道允许泄量。

湘江尾闾水位受洞庭湖水位顶托影响。长沙（三）水文站实测最高水位超过或接近保证水位38.37m的年份有1976年、1982年、1994年、1998年（超保证水位0.68m），洞庭湖城陵矶水文站超警戒水位0.24m的年份有2010年、2017年（实测最高，超保证水位1.14m，城陵矶水文站超警戒水位1.85m）、2019年，共7年。当湘潭水文站洪水与长沙以下浏阳河、捞刀河、沩水洪水遭遇后，遇洞庭湖城陵矶（七里山）水文站超警戒水位，湘江湘潭以下尾闾河段极易发生超保证水位特大洪水。

2.1.2 资水

资水洪水主要由暴雨形成，流域内有3个暴雨中心，分别为柘溪水库以上资源—黄桥暴雨区、中游隆回六都寨—安化水车暴雨区、柘溪—桃江之间的梅城暴雨区（湖南省最大的暴雨中心）。全流域暴雨的持续时间一般为1~4天，长的可达6天，上游在3天左右，中、下游最长达7~8天。洪水和暴雨在时空分布上是一致的，通常一场暴雨历时多在3天左右，最长可达6天；形成大洪水的集中降水在24h之内，上游一次洪水历时一般在

3 天，中下游最长可达 7～8 天。洪水在季节上的变化表现为以 7 月 15 日为界，7 月 15 日之前的洪水多为峰高量大的复峰，一次洪水过程多在 5 天，而之后的洪水则多为峰高量小的尖瘦形式，以单峰居多，一次洪水过程多在 4 天。

从大埠溪、桃江水文站统计的实测数据来看：大埠溪水文站洪水主要集中在 5—7 月，发生在 9 月后的年最大流量的量级均不大，而桃江水文站洪水主要集中在 4—8 月，大洪水发生在 9 月的概率较小，除 1988 年年最大流量洪水发生在 9 月，其余年份 9 月洪水流量均未超过 6000 m^3/s；基本上 7 月后下游较大洪水与区间暴雨关系密切。

流域内洪水有以下三种组合：①柘溪以上和柘溪—桃江区间同时出现洪水；②以柘溪以上洪水为主，区间洪水不大；③区间洪水较大，柘溪以上洪水较小[2]。全流域洪水出现概率约 25%，上中游洪水出现概率约 65%，下游洪水出现的概率一般只有 10%。3 种组合的洪水都可能在桃江水文站产生超过河道允许泄量、危及下游及尾闾安全的大洪水。柘溪—桃江区间洪水在洪峰中占的比重较大，第三种组合的洪水对下游的威胁最大。

资水流域典型洪水年份主要有 1954 年、1955 年、1988 年、1990 年、1995 年、1996 年、1998 年、2002 年、2016 年、2017 年等，桃江水文站实测流量均超过河道允许泄量。

2.1.3　沅江

沅江流域汛期为每年 4—9 月，大洪水多出现在 5—7 月。沅江干流上中游洪水洪峰形状以单峰居多，下游多呈复峰。中游一次大洪水历时为 7～11 天，下游为 10～14 天。

沅江流域洪水地区组成大致分为以下三种情况[3]：

(1) 上中游洪水。此类洪水主要来自锦屏以上的清水江中、上游地区，如"1970·7"洪水，安江水文站洪峰流量为 23600 m^3/s，接近 50 年一遇。

(2) 中下游洪水。此类洪水的暴雨中心主要位于黔城—安江坝址区间支流，如"1995·7"洪水，主要来自沅江支流辰水，安江水文站洪峰流量为 11900 m^3/s，而浦市水文站洪峰流量达 24400 m^3/s，支流辰水洪峰流量达 12300 m^3/s。

(3) 全流域洪水。此类洪水形成的原因为全流域普降暴雨，且降雨持续时间较长，往往形成特大洪水。如实测最大洪水——1996 年洪水属于此类型。1996 年，安江水文站洪峰流量为 27600 m^3/s（接近 100 年一遇），浦市水文站洪峰流量达 31200 m^3/s（接近 200 年一遇），桃源水文站洪峰流量为 29100 m^3/s（接近 20 年一遇）。

沅江流域典型洪水年份主要有 1952 年、1954 年、1969 年、1970 年、1995 年、1996 年、1998 年、1999 年、2003 年、2004 年、2007 年、2014 年、2017 年等，桃源水文站实测流量均超过河道允许泄量。

2.1.4　澧水

依据澧水各控制站实测资料分析，形成下游（石门）洪水有以下三种具有代表性的组合情况[3]：①暴雨中心分布在溇水、渫水中上游，以溇水、渫水 2 条支流洪水为主要来源（1980 年 8 月、1991 年 6 月等场次洪水）；②暴雨中心在干流中上游，以干流洪水为主要来源（1954 年 6 月、1998 年 7 月等场次洪水）；③流域普降大雨，形成全流域洪水。

石门水文站历年实测记录最大洪峰流量为 19900 m^3/s（1998 年 7 月 23 日），最大

24h、72h 洪量分别为 15.76 亿 m^3、33.27 亿 m^3，流量大于 12000m^3/s 超额时长为 40h，超额洪量为 6.66 亿 m^3。

澧水最大洪峰出现的时间与长江干流的主汛期同步，往往与长江三口入洞庭湖的洪水遭遇，相互顶托，抬高下游平原区与尾闾区的河道水位，加剧洪涝灾害。

澧水流域汛期为每年 4—9 月，年最大洪水多发生在 5—8 月，其中 6 月、7 月出现洪水次数最多[4]，占比分别为 41.2%、30.9%，合计 72.1%；城陵矶水文站年最高水位出现在 6 月、7 月的年份占比分别为 13.1%、62.3%，合计 75.4%；石门与城陵矶水文站年最大洪水 5 日内遭遇的次数占比为 19.7%。

澧水流域典型洪水年份主要有 1953 年、1954 年、1957 年、1963 年、1964 年、1966 年、1969 年、1980 年、1981 年、1983 年、1991 年、1993 年、1995 年、1998 年、2003 年等，石门水文站实测流量均超过河道允许泄量。

1991 年洪水（溇、溧支流为主洪水）：张家界以上流域（流域面积占比 30.6%）最大 24h 洪量占比为 29.7%；溇、溧支流（江垭＋皂市以上，流域面积占比 44.4%）最大 24h 洪量占比为 63.2%；区间（石门—张家界、江垭、皂市，流域面积占比 25%）最大 24h 洪量占比为 7.1%。

1998 年洪水（干流为主洪水）：张家界以上流域最大 24h 洪量占比为 45.9%；溇、溧支流最大 24h 洪量占比为 32.9%；区间最大 24h 洪量占比为 21.2%。

2003 年洪水（干流为主洪水）：张家界以上流域最大 24h 洪量占比为 40.5%；溇、溧支流最大 24h 洪量占比为 35.5%；区间最大 24h 洪量占比为 24%。

2.1.5　洞庭湖

洞庭湖洪水主要由四水洪水、三口分流洪水及洞庭湖区本身洪水组成，洪水遭遇概率高，洪水组合情况复杂。从四水洪水发生时间来看，资水比湘江晚、沅江比资水晚，澧水又比沅江稍晚[5]。三口分流洪水特性同长江上游来水一致，洪峰主要出现在每年 5—10 月，最多为 7 月，其次为 8 月。从洞庭湖出口城陵矶看，洪峰出现时间为每年 4—11 月，最多为 7 月，其次为 6 月，其洪水特性反映了四水和长江的综合特性。

洞庭湖区水网密布，江湖关系复杂，防洪堤线长，是全国治水的重点和难点，故有"万里长江，险在荆江，难在洞庭"之说。新中国成立以来，洞庭湖区有 40 年发生了不同程度的洪涝灾害，特别是 1995—1999 年 5 年间有 4 年发生特大洪水。

四水洪水组合类型较多[6]，主要有以下类型：

（1）四水单一型洪水。此类型洪水包括湘江 1994 年、2019 年，资水 1988 年，沅江 1999 年、2014 年，澧水 2003 年洪水等。

（2）四水遭遇组合型洪水。此类型洪水包括 1995 年、1996 年资沅江，2017 年湘资沅江洪水等。

（3）四水和洞庭湖、长江遭遇型大洪水。此类型洪水包括 1931 年、1935 年、1954 年、1998 年、2016 年、2020 年洪水等。

（4）局部区域的台风暴雨型洪水。此类型洪水包括 2006 年"碧利斯"热带风暴引发的湘江支流耒水 100 年一遇超历史特大洪水，1969 年宁乡市，1999 年郴州市，2001 年绥宁县，2005 年新邵县、涟源市，2006 年隆回县暴雨山洪。

根据湖南省防汛部门统计资料，四水及洞庭湖流域典型洪水灾害见表2-1。

表2-1　　　　　　　　　　　四水及洞庭湖流域典型洪水灾害表

洪水类别	年份	特征及灾害简述
四水和长江洪水遭遇	1870	资水、沅江、湘江洪水与长江洪水遭遇，长江调查洪峰达105000m³/s（调查洪峰历史第一）
	1906	四水洪水遭遇，同时与长江洪水碰头，因灾死亡3万多人
	1931	四水洪水遭遇，同时与长江洪水碰头，洞庭湖区大部被淹，因灾死亡5万多人
	1935	四水洪水遭遇，同时与长江洪水碰头，澧水最大流量30300m³/s，为20世纪同类河流出现的最大洪水，因灾死亡37532人
	1954	四水洪水遭遇，同时与长江洪水碰头，城陵矶附近超额洪量350亿m³，洪峰水位34.55m，因灾死亡2000多人
	1988	四水洪水遭遇，同时与长江洪水碰头，安化25天总雨量751.2mm，为平均年雨量的一半，洞庭湖区溃决24垸，因灾死亡251人
	1990	四水洪水遭遇，同时与长江洪水碰头，桃江水文站超警戒水位2.53m，部分湖区水位达历史最高水位，因灾死亡339人
	1998	四水洪水遭遇，同时与长江洪水碰头，城陵矶水文站最高水位35.94m（历史第一），超警长达81天，洞庭湖区溃决大小堤垸142个，因灾死亡616人
	1999	沅江、洞庭湖洪水与长江洪水碰头，城陵矶水文站最高水位达35.68m（历史第二），超警长达36天，民主垸溃决，因灾死亡125人
	2003	澧水、长江洪水遭遇，石门水文站洪峰水位62.31m、流量18700m³/s（水位、流量历史第二），澧南垸主动分洪，因灾死亡44人
	2016	以资水、沅江为主的四水洪水遭遇，同时与长江洪水碰头，城陵矶水文站最高水位34.47m，超警长达27天，因灾死亡27人
四水洪水	1973	四水洪水洞庭湖洪水叠加，溃决大小堤垸30个，冲垮塘、坝613个，冲垮小型水库31座、河堤7482处，因灾死亡144人
	1982	湘江、沅江洪水与洞庭湖洪水叠加，岳阳辖区61个主要堤垸中有50个进入防汛水位以上，2个超1954年来最高水位，因灾死亡141人
	1994	湘江干支流洪水遭遇，湘潭水文站最高水位41.94m、洪峰流量20800m³/s（历史第一水位、第二流量），因灾死亡378人
	1996	沅江、资水洪水与洞庭湖洪水叠加，城陵矶水文站最高水位35.31m（历史第三），超警长达32天，因灾死亡744人
	2002	资水、湘江洪水与洞庭湖洪水叠加，城陵矶水文站最高水位34.91m（历史第四），超警长达14天，因灾死亡156人
	2017	湘江、资水、沅江洪水与洞庭湖洪水叠加，城陵矶水文站最高水位达34.63m（历史第五），超警长达13天，长沙水文站最高水位39.51m（历史第一，超100年一遇），洞庭湖组合入湖流量81500m³/s（历史第一），因灾死亡95人
	2019	湘江、资水同时发生洪水，湘潭水文站洪峰流量26300m³/s（历史第一，约200年一遇），因灾死亡17人

洪水类别	年份	特征及灾害简述
台风暴雨灾害	2006	热带风暴"碧利斯"引发洪水灾害，湘江支流耒水发生了 100 年一遇超历史特大洪水，湘江干流全线超警，因灾死亡 417 人
	2007	台风"圣帕"引发洪涝灾害，郴州市永兴县鲤鱼塘镇 72h 内降雨达 848mm，降雨强度和降雨量均远远超过当地气象纪录，因灾死亡 2 人

2.1.6　长江

长江洪水主要由暴雨形成。上游宜宾—宜昌河段，有川西暴雨区和大巴山暴雨区，暴雨频繁，岷江、嘉陵江分别流经这两个暴雨区，洪峰流量甚大，暴雨走向大多和洪水流向一致，使岷江、沱江和嘉陵江洪水相互遭遇，易形成寸滩、宜昌水文站峰高量大的洪水。清江、洞庭湖水系中有湘西北、鄂西南暴雨区，暴雨主要出现在每年 6—7 月和 5—6 月，相应地清江和洞庭湖水系的洪水也出现在 6—7 月[3]。

长江流域洪水发生的时间和地区分布与暴雨一致。一般是中下游洪水早于上游，江南早于江北。洪水主要出现时间为：中下游鄱阳湖水系、洞庭湖的湘江、资水、沅江洪水一般为 4—7 月；澧水、清江稍晚，并与上游南岸支流乌江洪水发生时间相同，为 5—8 月，金沙江和上游北岸各支流为 6—9 月；中游北岸支流汉江为 6—10 月；长江上游干流受上游各支流洪水的影响，洪水主要发生时间为 7—9 月；长江中下游干流因承泄上游和中下游支流的洪水，汛期为 5—10 月。上游干流站年最大洪峰出现时间，主要集中在 7—8 月，中下游干流主要集中在 7 月。

根据宜昌站实测资料统计，长江上游洪水洪峰流量最大年份为 1896 年，洪峰流量为 71100m³/s；1954 年洪水洪峰流量为 66800m³/s，位列有实测资料以来的第四位，但 30 天、60 天洪量分别为 1386 亿 m³、2448 亿 m³，分别位列有实测资料以来的第一位和第二位；1998 年洪水洪峰流量为 61700m³/s，位列有实测资料以来的第 14 位，但 30 天、60 天洪量分别为 1380 亿 m³、2545 亿 m³，分别位列有实测资料以来的第二位和第一位。

荆江河段洪水主要来自于长江上游，具有高水位出现频繁且持续时间长、洪峰流量大等特点，当上游洪水与洞庭湖水系洪水遭遇，或受洞庭湖水系洪水顶托影响时，更易出现本河段的高洪水位。根据沙市站资料统计，自 1903 年以来，超过警戒水位 43.00m（冻结吴淞基面）的有 44 年，以 1998 年 45.22m 为最高，1999 年 44.74m 次之，1954 年 44.67m 居第三位。自 1951 年以来，沙市站有 7 年洪峰流量超过 50000m³/s，其中以 1989 年 7 月 12 日的 55200m³/s 为最大。

荆江三口分流入洞庭湖，洞庭湖又集湘、资、沅、澧四水的来水经调节后在城陵矶汇入长江，构成了复杂的江湖关系。受荆江干流河道河势和冲淤变化、三口分洪道淤积及洞庭湖演变等自然因素和下荆江裁弯工程、葛洲坝工程及洞庭湖围垦等人为因素的影响，江湖关系不断地调整变化，从而对本河段的水情产生一定影响。主要表现在两个方面[7]：①由于三口分流减少，在上游同来量下，进入本河段的流量增加，从而使洪水位升高；②洞庭湖出流对荆江出流的顶托作用，据实测资料分析，当沙市站水位一定，而城陵矶水位每增加 1m 时，可减少荆江泄洪能力约 2000m³/s，或当沙市站流量一定，城陵矶水位每抬高 1m 可抬高沙市洪水位 0.25m 左右。因此，当洞庭湖水系洪水与长江上游洪水发生遭遇时，江湖洪水相互顶托，常造成荆江和洞庭湖区巨大的洪水灾害。

2.2 四水流域及尾闾地区安全泄量研究

（1）湘江主要河段安全泄量及超额洪量。湘江干流中游衡阳市河段现状的安全泄量为 14300m³/s，100 年一遇洪水超额洪量为 5.1 亿 m³，湘江干流尾闾河道长沙段的行洪能力为 20000m³/s，100 年一遇洪水超额洪量为 13.3 亿 m³。

（2）资水干流主要河段安全泄量及超额洪量。资水干流中游邵阳河段现状安全泄量为 5000m³/s，50 年一遇洪水超蓄洪量为 8.5 亿 m³，下游尾闾益阳河段安全泄量为 9400m³/s，桃江县城 30 年一遇洪水超额洪量为 9.4 亿 m³，益阳市 100 年一遇洪水超额洪量为 17.6 亿 m³。

（3）沅江干流主要河段安全泄量及超额洪量。沅江干流尾闾河段现状安全泄量为 23000m³/s，五强溪坝址处 30 年一遇超额洪量为 20 亿 m³。

（4）澧水干流主要河段安全泄量及超额洪量。澧水干流中游张家界河段安全泄量为 6200m³/s，50 年一遇洪水超额洪量为 1.2 亿 m³，下游尾闾河段安全泄量为 12000m³/s，三江口 20 年一遇洪水超额洪量为 4 亿 m³，50 年一遇洪水超额洪量为 8.4 亿 m³。

2.3 四水及洞庭湖流域灾害性洪水形成机理研究

2.3.1 四水洪水时空分布特点

湖南省洪水主要由暴雨形成，受特殊的地理位置和气候条件影响，湖南省洪水灾害频发，主要有以下四大特点[8]：

（1）灾害类型多。灾害类型既有长江和湘、资、沅、澧四水等大江大河型洪水及长江中游超额洪量滞蓄洞庭湖的大湖型洪水，亦有局地降雨引发的湖区溃涝型洪水或山丘区的山洪型洪水。

（2）灾害发生时段集中。洪水主要集中在每年 4—9 月，洪水灾害多发生在 5—7 月。

（3）灾害发生区域明显。北部的洞庭湖区及四水尾闾地区易发外洪内涝灾害，四水干流及山丘区易受外洪或山洪影响。

（4）灾害发生频次高，损失大。1950 年以来，全省性洪灾共有 33 年次，局地洪涝灾害及山洪灾害几乎年年都有发生。

湖南省洪水灾害时空分布不均，分别体现在[8]：

（1）时间分布。湖南省的洪旱灾害大多发生在每年 4—9 月，一般是前涝后旱。入汛后，4—6 月降雨集中，易发生洪涝灾害；6 月末至 7 月中旬雨季结束，由于高温少雨易导致夏旱，甚至夏秋连旱；8—9 月，受台风影响，湘东南及湘中地区易出现洪涝。其中：春夏之交是湘江洪水的发生期，4—6 月为多发季节；6—7 月，资水、沅江暴雨洪水相对集中，洪水峰高量大；6—8 月，澧水降雨最多，洪水陡涨陡落；7—8 月，受四水、长江洪水或四水与长江洪水组合影响，洞庭湖易发生洪水。

（2）空间分布。受降雨地域分布影响，加之各地地形、土壤、河流、水利工程等不同，洪旱灾害类型也不尽相同。

1）湘南地区：主要包括永州、郴州、衡阳南部、株洲南部，地貌以山地为主。该地区位于南岭山脉降雨高值区，包括蓝山、江永、江华、桂东、临武、汝城、资兴等地。3—5月，湘南地区进入雨水多发期，受其影响，局部易发山洪、中小流域洪水，尤其是湘江正源及主要支流（春陵水）等河道狭窄处，遭遇强降雨时，水位上涨迅猛，易发生超警戒洪水。7—9月，受登陆台风影响，局部易发生暴雨山洪，往往造成大灾。

2）湘中地区：主要包括邵阳、娄底以及衡阳北部、永州局部。此区域俗称"衡邵干旱走廊"，属于衡邵丘陵降雨低值区，包括衡阳大部分县、娄底全境、邵阳东部、永州北部等地。湘中西部的雪峰山脉降雨高值区，主要包括新化、安化、桃江、隆回、洞口、绥宁、桃源、溆浦、辰溪、洪江等地，5—6月汛期极易发生大范围、高强度、长时间的暴雨，局部山洪灾害、小型水库同样是该地区防范的重点。该地区位于资水、湘水中上游，干流洪水防御压力较大。

3）湘东地区：主要包括长株潭及岳阳部分地区。该地区有湘东北区降雨高值区，主要包括浏阳、宁乡、临湘、平江等地，暴雨山洪频发，极易发生山洪灾害。该地区处于湘水尾闾，受湘水上游来水、本地强降雨以及洞庭湖洪水顶托等共同影响，水位上涨较快，湘水干流洪水是重点防御对象。湘东经济发展较快，受城镇化建设迅猛发展、排水管网初期规划设计滞后与外河洪水等多重因素影响，城市内涝问题日益突出。

4）湘北地区：主要包括岳阳、常德、益阳等地。该地区北顶长江三口水系分流，环抱洞庭湖，南四水汇聚，上游洪水来量巨大，而洞庭湖出流受长江城螺河段泄流能力不足的制约，洞庭湖区滞蓄洪水任务十分繁重，是湖南省防汛抗灾的主战场，其中长江干堤和洞庭湖堤防是重中之重，蓄洪堤垸的启用是难中之难。柘溪水库与桃江之间的柘桃区间受柘溪泄洪及区间强降雨影响，加之梯级水电站较多，一定程度加剧了洪灾的发生机率和受灾程度，桃江及益阳城区防守成为重点。五强溪水库与桃源之间的五桃区间易受沅江洪水影响，桃源县城防洪非常重要。湘北的安化一带，山高谷深，受强降雨影响，容易发生严重山洪灾害。

5）湘西地区：主要包括张家界、湘西州、怀化等地。该地区属于沅江、澧水流域，有澧水上游降雨高值区，主要包括桑植、永定、永顺、龙山等地，区域性暴雨洪水非常明显。大多数县级城市堤防标准低，未形成有效的防洪闭合圈，一遇强降雨，干支流水位上涨迅猛，沿岸城镇易受淹。

2.3.2　四水、洞庭湖、长江洪水遭遇研究

根据1955—2020年四水、三口及洞庭湖出口主要控制站点资料，统计各流域洪峰出现月份，成果见表2-2。湘江年最大洪峰出现时间最早为3月，最晚为11月，出现次数较多时间为5月、6月。资水年最大洪峰出现时间最早为3月，最晚为11月，出现次数最多时间为6月、7月，5月出现次数较湘江少。沅江年最大洪峰出现时间最早为4月，最晚为11月，出现次数最多时间为6月、7月。澧水年最大洪峰出现时间最早为3月，

最晚为 10 月，出现次数较多时间为 6 月、7 月。从四水洪水发生时间来看，资水比湘江晚，沅江比资水晚，澧水与沅江时间基本一致。

表 2 - 2 　　　　　洞庭湖入、出湖洪峰出现月份统计表（1955—2020 年）

控制站	洪　峰　次　数									总年数
	3 月	4 月	5 月	6 月	7 月	8 月	9 月	10 月	11 月	
湘潭	2	6	18	20	11	6	1	1	1	66
桃江	3	4	13	19	19	4	2	1	1	66
桃源	0	3	11	23	21	4	2	1	1	66
石门	1	1	7	27	19	4	6	1	0	66
三口	0	0	1	3	38	16	7	1	0	66
城陵矶	0	1	5	15	39	3	2	0	1	66

　　三口分流洪水特性同长江上游来水一致，洪峰主要出现在 5—10 月，出现次数最多时间为 7 月，其次为 8 月[9]。洞庭湖出口城陵矶站洪峰出现时间为 4—11 月，出现次数最多为 7 月，其次为 6 月，其洪水特性反映了四水和长江的综合特性。四水和三口分流洪水在时间上存在一定差异，但洪水遭遇机会多，特别是三口分流洪水持续时间长，与四水洪水遭遇后会导致洞庭湖区防洪形势紧张。

　　湘、资、沅、澧四水控制水文站湘潭、桃江、桃源、石门站各月最大流量散布图如图 2 - 1～图 2 - 4 所示，洞庭湖区控制站城陵矶（七里山）站日水位散布图如图 2 - 5 所示，长江控制站螺山站日水位散布图如图 2 - 6 所示。由图 2 - 1～图 2 - 6 可以看出：

　　（1）湘江湘潭站超尾闾地区安全泄量 20000 m^3/s 的时段主要集中在 5 月中旬至 7 月中旬。

　　（2）资水桃江站超尾闾地区安全泄量 9400 m^3/s 的时段主要集中在 6 月中旬至 7 月下旬。

　　（3）沅江桃源站超尾闾地区安全泄量 23000 m^3/s 的时段主要集中在 6 月中旬至 8 月上旬。

　　（4）澧水石门站超尾闾地区安全泄量 12000 m^3/s 的时段主要集中在 6 月下旬至 8 月上旬。

　　（5）洞庭湖城陵矶站超保证水位 34.40m 的时段主要集中在 7 月上旬至 9 月上旬，超警戒水位 33.00m 的时段主要集中在 7 月上旬至 9 月中旬。

　　（6）长江螺山站超警戒水位 32.00m 的时段主要集中在 7 月上旬至 9 月中旬。

　　从图 2 - 1～图 2 - 6 看大流量分布时间可知，湘、资、沅、澧四水在 6—7 月均存在遭遇可能，四水与洞庭湖、长江在 7 月至 8 月上旬存在遭遇可能，其中湘江、资水与洞庭湖、长江大洪水的遭遇时段主要集中在 7 月，沅江、澧水则集中在 7 月至 8 月上旬。

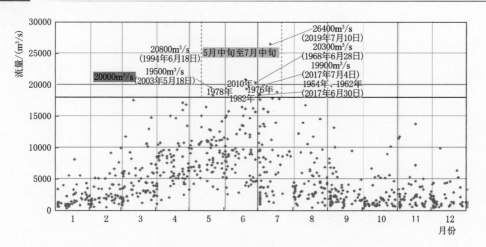

图 2-1　湘潭站各月最大流量散布图（1951—2019 年）

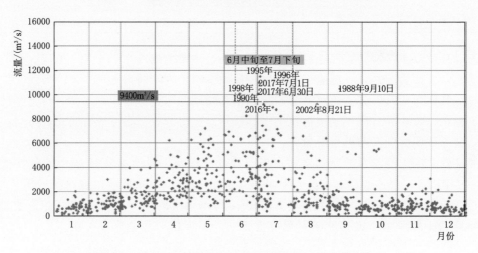

图 2-2　桃江站各月最大流量散布图（1956—2019 年）

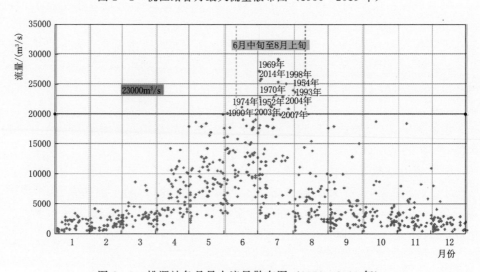

图 2-3　桃源站各月最大流量散布图（1951—2019 年）

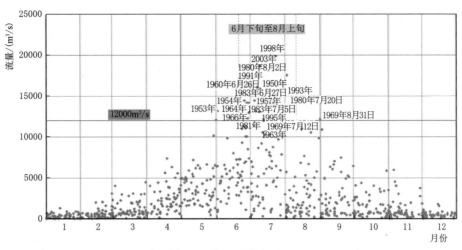

图 2-4 石门站各月最大流量散布图（1950—2019 年）

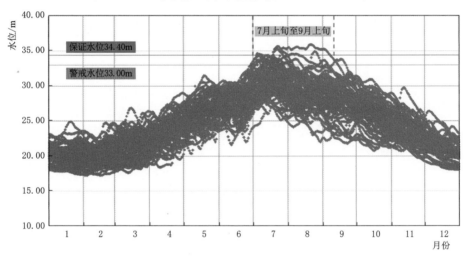

图 2-5 城陵矶（七里山）站日水位散布图（1954—2017 年）

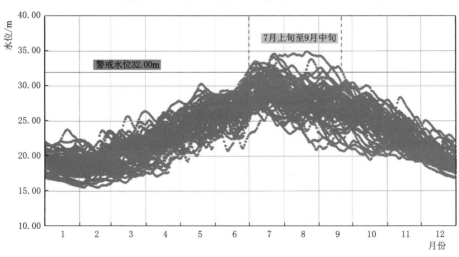

图 2-6 螺山站日水位散布图（1959—2017 年）

四水及洞庭湖典型年洪水过程如图 2-7 所示，从典型年洪水的实际遭遇看，四水之间、四水洪水与洞庭湖及长江之间洪水遭遇还是时有发生的。如：1954 年、1998 年四水洪水与洞庭湖、长江洪水长时间遭遇，造成洞庭湖及四水尾闾地区特大洪水，其中 1998 年城陵矶水文站最高水位达 35.94m（历史第一）；1994 年 6 月中下旬湘江干支流洪水遭遇，湘潭站最高水位为 41.94m、洪峰流量为 20800m³/s（水位历史第一、流量第二）；1995 年 7 月上旬以沅江、资水为主的洪水与湘江洪水在洞庭湖区叠加，造成沅江、资水特大洪水；1996 年 7 月中旬沅江、资水洪水与洞庭湖洪水叠加，造成沅江、资水特大洪水；1999 年 6 月底至 7 月初沅江、洞庭湖洪水与长江洪水碰头，城陵矶站最高水位达 35.68m（历史第二）；2003 年 7 月中旬澧水、沅江与长江洪水遭遇，澧水石门站洪峰水位 62.31m、流量 18700m³/s（水位、流量历史第二）；2016 年 7 月上旬以资水、沅江为主的四水洪水遭遇，同时与长江洪水碰头，城陵矶站最高水位达 34.47m；2017 年 7 月上旬湘江、资水、沅江洪水与洞庭湖洪水叠加，城陵矶站最高水位达 34.63m（历史第五），长沙站最高水位 39.51m（历史第一），洞庭湖组合入湖流量 81500m³/s（历史第一）；2019 年湘江、资水同时发生洪水，湘潭站洪峰流量 26300m³/s（历史第一，约 200 年一遇）等。

2.3.3 洞庭湖区洪涝灾害成因分析

1. 气象因素

洞庭湖区属于北亚热带季风性气候，雨热同期，降水丰沛、季节分配不均，多梅雨暴雨和台风暴雨。洞庭湖所在的长江中下游地区受副热带高压脊线、西风环流和东南沿海台风的影响，极端天气现象较多。亚洲中高纬度地区经向环流盛行时，北方来的冷气流与南方来的暖气流长时间汇聚于长江中下游一带，常造成梅雨暴雨[10]。梅雨暴雨大多发生在每年 4—9 月，其中 6—8 月暴雨占全年暴雨 90% 以上，往往造成洞庭湖区洪涝灾害一年多发。此外，7—8 月洞庭湖区易受台风的影响，台风带来的高强度降雨也是造成湖区洪涝灾害的主要原因。

2. 水文因素

汛期洪水发生时，湘、资、沅、澧四水的干流和尾闾的水位变化，是洪涝灾害发生的关键因素。洞庭湖区的洪水除来自本区的降水外，还要接纳来自湘、资、沅、澧四水流域和湖区以上的长江流域的降水。湘、资、沅、澧四水如果同时暴雨，洪水一并汇入洞庭湖，往往容易造成特大洪涝灾害。城陵矶是洞庭湖唯一出水口，湖南四水、长江三口入湖洪峰从此处注入长江。汛期，城陵矶口由于受长江高水位顶托影响，导致洞庭湖排出的湖水拥堵，甚至出现长江洪水倒灌洞庭湖现象，引起湖区大范围的洪涝灾害。此外，洞庭湖内部芦苇丛生，滞流阻水，也严重影响其泄洪功能。

3. 地形因素

洞庭湖为中生代燕山运动断陷作用形成，自更新世以来，湖区以沉降运动为主。湖区地势从西北向东南方向倾斜，是环带式递降的碟形盆地结构，为全省凹形大斜面的低洼中心，为湘、资、沅、澧四水及长江松滋、太平、藕池三口分流洪水汇聚提供了有利的地形条件。地势比较平坦的平原，或地势起伏较小的洼地，往往不能快速排水，容易发生洪涝灾害。洞庭湖区属于湖积型平原，周围是低矮的山丘，平均海拔大多低于 50.00m，具备了洪涝灾害发生的地势地形条件。

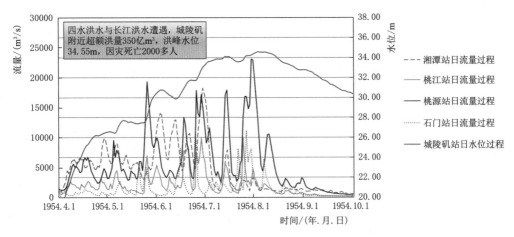

（a）1954年洪水过程

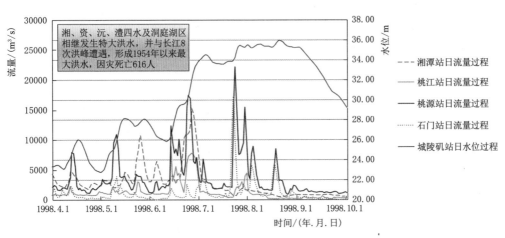

（b）1998年洪水过程

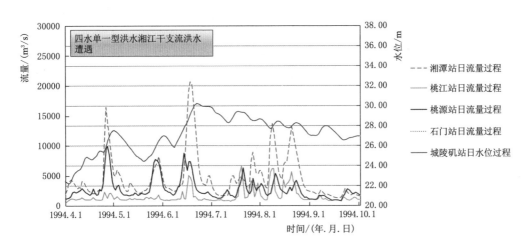

（c）1994年洪水过程

图2-7（一）　四水及洞庭湖典型年洪水过程

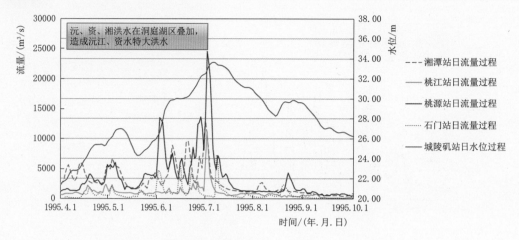

（d）1995 年洪水过程

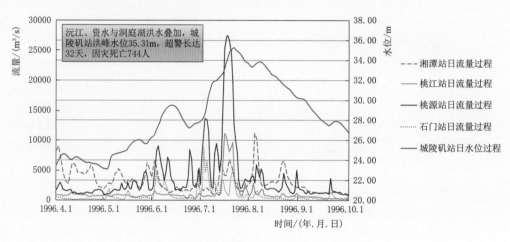

（e）1996 年洪水过程

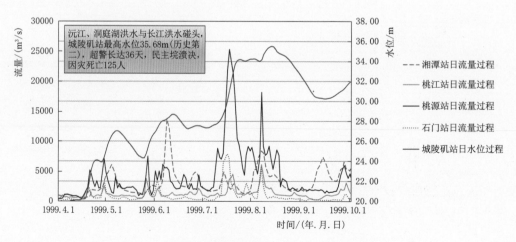

（f）1999 年洪水过程

图 2-7（二） 四水及洞庭湖典型年洪水过程

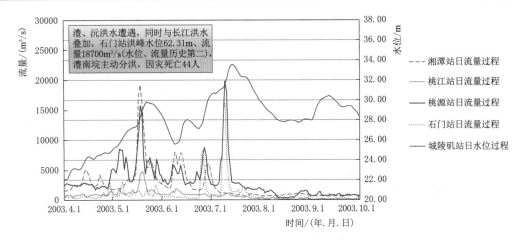

（g）2003年洪水过程

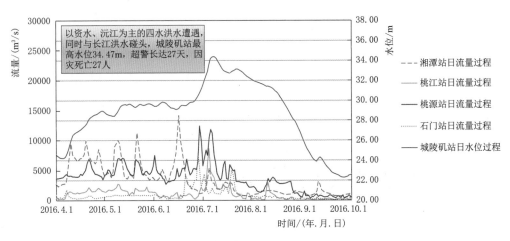

（h）2016年洪水过程

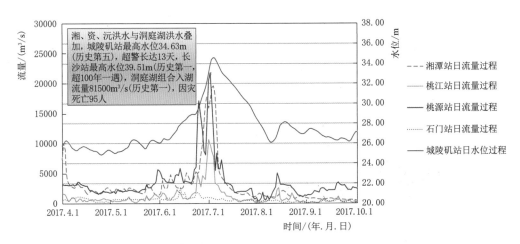

（i）2017年洪水过程

图2-7（三）　四水及洞庭湖典型年洪水过程

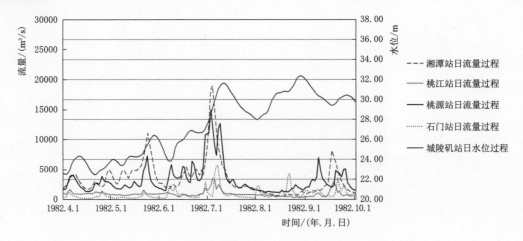

（j）1982年洪水过程

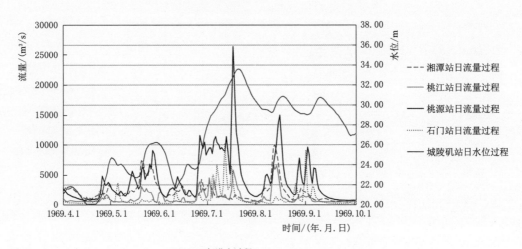

（k）1969年洪水过程

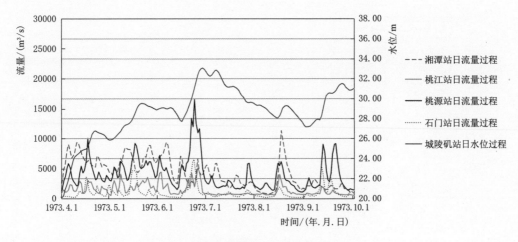

（l）1973年洪水过程

图 2-7（四）　四水及洞庭湖典型年洪水过程

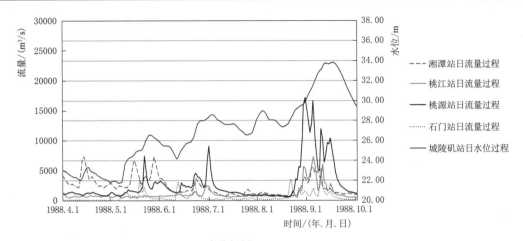

（m）1988年洪水过程

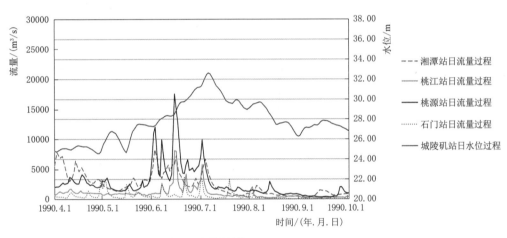

（n）1990年洪水过程

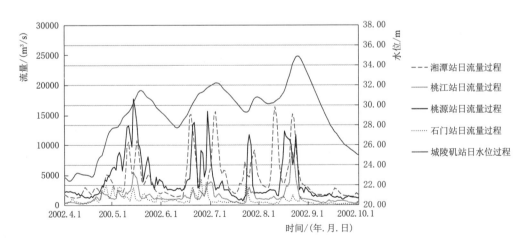

（o）2002年洪水过程

图 2-7（五） 四水及洞庭湖典型年洪水过程

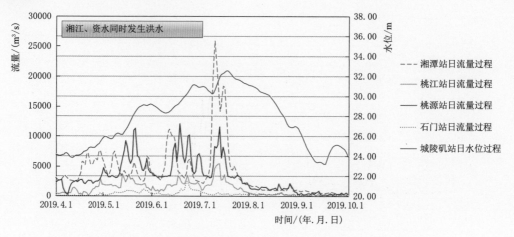

（p）2019年洪水过程

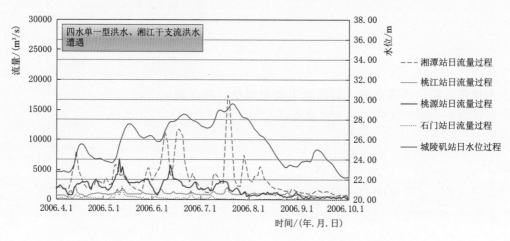

（q）2006年洪水过程

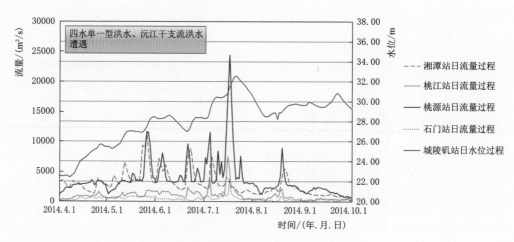

（r）2014年洪水过程

图 2-7（六） 四水及洞庭湖典型年洪水过程

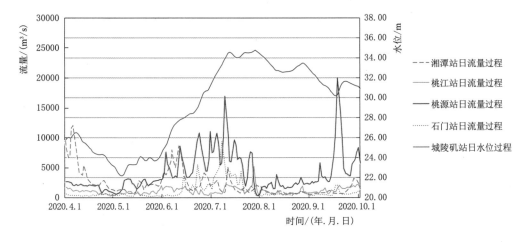

（s）2020年洪水过程

图 2-7（七）　四水及洞庭湖典型年洪水过程

4．人类活动

历史上，中原地区人口多次南迁于洞庭湖区，毁林开荒，引起水土流失，洞庭湖区泥沙淤积增多。新中国成立前，封建地主竞相围垦，湖区垸内耕地面积达 3956.8 万 hm^2；新中国成立后一段时间内，地方政府围湖垦殖，湖区总围垸面积达 $10042.5km^2$，造成洞庭湖原始湖面的萎缩。洞庭湖湖区由于泥沙淤积和过度围垦，其面积由 1825 年的 $6000km^2$ 减少到 1949 年的 $4350km^2$。加之长江上游植被破坏和水土流失，荆江河床抬高，洞庭湖泥沙淤积速度加快，湖泊面积进一步缩减到 1995 年的 $2625km^2$，调蓄洪水容积由 1949 年的 293 亿 m^3 减小到 1995 年的 167 亿 m^3。洞庭湖蓄水面积较少，调蓄洪水能力降低，导致湖区洪涝灾害频发。

2.3.4　洞庭湖区洪水灾害孕灾环境变化

1．暴雨频次增多

近些年来，全球气候转暖趋势愈发显著，必定造成海陆水体蒸发旺盛，在一定程度上为海陆大部分地区降水量的增加提供了条件。洞庭湖流域内河流以降水补给为主，流域水量的大小与降水量的变化紧密相关。而气候变化主要以降水量为载体来体现对洞庭湖区径流量的影响。各地洪水发生的时间均与气候相关，极端气候的出现致使气候异常，长江上下游雨季有所重复，便会造成长江上游与洞庭湖流域洪水汇集，发生流域性大洪水。研究表明，洞庭湖区暴雨空间分布不均，中部、北部相对偏少，西南部和东北部偏多。在全球气候变暖大背景下，洞庭湖区极端降水和暴雨频次明显增加。

2．蓄洪能力发生变化

三峡工程是长江关键性防洪控制水利枢纽工程，也是新中国成立以来建设的最大工程项目，在防洪、发电、航运及灌溉等多方面发挥着巨大效益。三峡工程运行蓄水使洞庭湖面积及水位等水文特点出现了显著的变化。一方面，三峡水库具有特别明显的削峰和蓄洪作用，水库运行之后，长江下游水情随之发生变化，尤其是汛末蓄水导致洞庭湖秋季来水显著减少，水位也随之发生变化，此外，三峡水库在蓄水以后，对上游地区的泥沙具有较大的调节作用，泥沙淤积在水库，水库往下倾泻的水流含沙量减少，进而使洞庭湖区水体含沙量降低。另一方面，水库运行之后，不同河流的不同河段在不同时期发生不同程度的冲刷，沿程水位也会发生不同程度升降，而其变化引起三口径流量、水位的变化，使得洞庭湖的冲淤分布、洲滩出露时间、动植物生长环境等发生变化，从而对区域洪涝灾害防治、水资源开发利用以及湿地生态环境保护等方面产生影响。

3. 泄洪能力减弱

下荆江位于长江中游，属于典型的蜿蜒性河段，其中藕池口—城陵矶段河道是最典型的曲流河段，由一系列曲率很大的急弯段和较长微弯顺直段组成。荆江河段在人工裁弯取直后，水流变得顺畅，河床和河岸受到冲刷，干流水位下降。与此同时，裁弯使得与洞庭湖相通的松滋口、太平口和藕池口三口分流分沙减少，因而荆江主河道的径流量相对增加，在一定程度上加大了河床受冲刷的力度。裁弯工程实施前，洞庭湖区来水主要是三口分流以及四水注入，裁弯后三口分流的水体体积减小为裁弯前的 65.88%，三口分沙量减少为裁弯前的 60.07%，注入湖区的水量与沙量减少，造成洞庭湖对长江汛期削峰降洪功能下降。与此同时，三口分流分沙减少致使洞庭湖的入湖沙量减少，在一定程度上也能减轻湖内的淤积程度。除此之外，由于分流分沙的变化，藕池河急速淤积，西洞庭湖区各排水河道淤积加重，加大了洞庭湖对湖区汛期江湖洪灾的调蓄难度。

2.4 洞庭湖流域灾害性洪水演变规律与发展趋势研究

从总体上看，洞庭湖流域洪灾在时间序列上具有相对集中性，空间分布上具有群发性。

1. 发生频率

湖区洪涝灾害可追溯到远古时代。由远古时代至新中国成立前，湖区洪灾次数随湖区人类活动频繁而增加。荆江北岸堵口前，湖区各县洪灾发生周期最长为 100 年（长沙），最短的也要 31 年（常德）；荆江北岸堵口后至四口南流局面形成前，多数县 5～17 年便遇一次洪灾；四口南流局面形成后，大部分县 2～4 年便遇一次洪灾；1950 年后，湖区洪灾次数有所减少；20 世纪 80 年代以来，洪灾频率又见回升，尤以溃灾为甚，平均每 2 年一次。1990—1998 年的 9 年间，湖区大范围洪涝灾害发生相当频繁，1993 年、1995 年、1996 年、1998 年连续遭灾。

2. 地域分布

湖区洪涝灾害的地域性是由江湖蓄泄关系的演变决定的。江北堵口以前，湖区各县均有水灾，但次数不多。江北堵口后，洪水南侵，洞庭湖水域迅速扩展，南洞庭湖和西洞庭湖形成，湖区之常德、汉寿、华容、安乡、沅江、益阳等市县常遭水灾；四水南流局面形成后，各县水灾普遍加密，次数相当接近。1950 年之前，四口陆上三角洲继续向东西延伸，北水被迫南侵，沅江、汉寿水患增多；东洞庭湖系四水所汇，湘阴、岳阳、华容诸县灾害频繁。1950 年之后，由于南洞庭湖向南后退，湘阴、沅江、汉寿的洪灾相对较多。

3. 发展趋势

随着湖区自然条件和经济环境的改变，湖区洪涝灾害近期明显呈现"五加"的变化发展趋势。

（1）频率加快。20世纪70年代湖区洪涝灾害平均约4年发生一次，20世纪80年代以后平均约2年发生一次。

（2）强度加大。平水年高水位、小水情大灾情的状况越来越突出。比如，1980年、1983年、1996年都属平水年，对长江来说洪水并不算大，但湖区却出现高水位、重灾情的情况。

（3）范围加宽。湖区洪涝灾害由局部波及全局，不仅农村遭灾，城镇也遭灾。比如1996年，湖区、四水尾闾及其上游有30多个县市遭受重灾，其中有18个县城水深为3m左右。

（4）损失加重。随着生产的发展，尤其是改革开放以来，湖区社会财富急剧增加，城镇人口密度加大，湖区洪涝灾害损失逐年是几何级数递增，损失由20世纪80年代的每次数亿元加重到20世纪90年代中后期的每次数百亿元。

（5）时间加长。洪水来得快、泄得慢，高洪水位持续时间加长。20世纪60年代岳阳七里山超32.00m的高洪水位持续时间平均为12天，20世纪80年代增加到31天，而1998年竟达84天之久。

以城陵矶（七里山）水文站（以下简称"城陵矶"）1951—2020年日水位为参证，70年系列中，超过城陵矶警戒水位33.00m的有22年，超过城陵矶保证水位34.55m的有1954年（34.55m）、1996年（35.26m）、1998年（35.92m）、1999年（35.65m）、2002年（34.90m）、2016年（34.47m）、2017年（34.61m）、2020年（34.74m）等8年，期间既有三峡水库蓄水前的1954年、1996年、1998年、1999年、2002年，又有三峡水库蓄水后的2016年、2017年、2020年。

从实际发生洪水看，2003年三峡水库蓄水后，虽然三峡水库对下游长江、洞庭湖有一定防洪作用，但城陵矶水位仍存在超过保证水位的可能。

三峡水库蓄水前后螺山水文站水位-流量相关图（1959—2020年）如图2-8所示。由图2-8可知，三峡水库蓄水后，同水位条件下，螺山水文站过流能力较蓄水前变小；同流量条件下，螺山水位较蓄水前抬高0.6m左右。

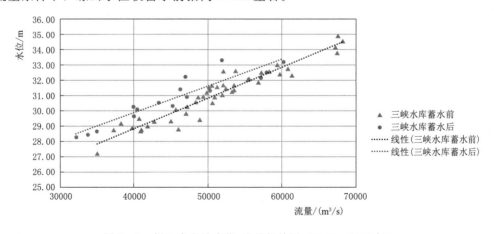

图2-8　螺山水文站水位-流量相关图（1959—2020年）

螺山站泄流能力与城陵矶附近区的防洪形势密切相关,螺山站泄流能力越大,洪水下泄越顺畅,城陵矶附近区超额洪量越小,泄流能力则越大。

按照 1980 年长江中下游防洪座谈会所确定的长江中下游防洪总体安排,城陵矶(莲花塘)防洪控制水位定为 34.40m,按照当时的江湖蓄泄能力,遇 1954 年洪水时,长江中下游尚需承担 320 亿 m³ 的分洪任务,其中湖南、湖北各承担 160 亿 m³。

随着长江上游水库陆续建成,长江中下游防洪形势较建库前大幅改善,遇大洪水超额洪量均有所减少。有关研究成果表明,上游水库群联合对城陵矶补偿调度情形下,螺山泄流能力采用防洪规划线的 64000m³/s(对 1954 年洪水实际泄流能力约 60000m³/s),长江水 21 库联调时,遇 1954 年洪水城陵矶附近超额洪量约 233 亿 m³,汉口附近超额洪量约 53 亿 m³,湖口附近超额洪量约 39 亿 m³;考虑未来长江水库 25 库联调时,城陵矶附近超额洪量约 176 亿 m³,汉口附近超额洪量约 51 亿 m³,湖口附近超额洪量约 35 亿 m³。

从 20 世纪 90 年代以来的大水年来看,城陵矶河段泄流能力减小,对城陵矶附近区防洪形势产生较大影响。20 世纪 90 年代城陵矶大水水位流量关系,线对应城陵矶 34.40m 螺山泄流能力在 62000m³/s,2006 年以来水位流量关系线对应螺山泄流能力为 60000m³/s,极端年份 2016 年水位流量关系线对应螺山泄流能力仅为 56000m³/s,较之防洪规划线,泄流能力分别偏小 2000m³/s、4000m³/s、8000m³/s 左右。如考虑近年城陵矶 34.40m 螺山泄流能力减小 2000~4000m³/s 的影响,初步估算,1954 年洪水城陵矶附近区超额洪量将增加 80 亿~160 亿 m³;考虑极端年份 2016 年螺山站的泄流能力,城陵矶附近区超额洪量甚至将增加 200 亿 m³ 以上。

相较于上下游河段在三峡水库运行后防洪形势有所好转的实际,城陵矶附近区所承担的超额洪量依然巨大,面临的防洪形势依然严峻。

第3章 水库群汛限水位动态控制关键技术

3.1 流域水库群现状汛限水位分析

四水流域覆盖面积较广，涉及重要防洪水库较多，且大多水库为2000年前设计，在原设计时未考虑汛限水位，部分水库原设计资料不全，使得调查分析难度加大。项目组共抽调16人分4组，每组负责1个流域，对每座重要水库进行现场调查，经过项目组共同努力，历时一个多月调查顺利完成。

通过对已建重要防洪水库的现场调查，与规划重要防洪水库的设计单位对接，并结合四水流域综合规划成果及湖南省防汛抗旱指挥部《关于下达2023年度大型水库、重点中型水库汛期调度运用方案的通知》（湘防指发〔2023〕1号），得到流域水库群的汛限水位及防洪库容成果。

3.1.1 湘江

湘江支流12座大型水库总库容139.20亿 m³，总防洪库容7.59亿 m³，正常库容总计117.12亿 m³。湘江支流大型水库特性见表3-1。

表3-1　　　　　　　　　　　　　　湘江支流大型水库特性表

水库名称	流域面积 /km²	流域	水位/m					库容/亿 m³		
			校核 水位	防洪 高水位	正常 水位	汛限 水位	死水位	总库容	防洪 库容	正常 库容
涔天河	2466	潇水	320.27	316.60	313.00	310.50	282.00	15.10	2.50	12.10
双牌	10594	潇水	176.07	170.00	170.00	168.00	158.00	6.90	0.58	3.74
晒北滩	324	白水	300.60	300.00	300.00	296.00	260.00	1.09	0.14	1.06
欧阳海	5409	舂陵水	133.40	130.00	130.00	128.00	115.00	4.25	0.57	2.92
东江	4719	耒水	293.40	286.10	285.00	284.00	242.00	91.50	1.58	81.20
青山垅	450	洣水	248.86	243.80	243.80	242.80	203.00	1.14	0.05	0.86
酒埠江	625	洣水	169.82	164.00	164.00	162.50	152.50	2.95	0.17	2.17
洮水	769	洣水	207.18	206.70	205.00	202.00	170.00	5.15	1.00	4.76
水府庙	3160	涟水	97.63	94.00	94.00	93.00	85.50	5.60	0.45	3.70
株树桥	564	浏阳河	169.31	165.00	165.00	162.00	136.00	2.78	0.24	2.29
官庄	201	浏阳河	125.72	123.60	123.60	122.00	109.50	1.21	0.17	1.07
黄材	240.8	沩水	168.69	168.69	166.00	166.00	122.00	1.53	0.14	1.26
合计	29521.8							139.20	7.59	117.12

注　除涔天河、东江、晒北滩、洮水4座水库在设计时设置防洪库容外，其余水库在设计时未预留防洪库容。

湘江干流老埠头以下有潇湘、浯溪、湘祁、近尾洲、土谷塘、大源渡、株航、长沙枢纽等8座低水头电站，总库容38.75亿 m³，正常库容总计23.75亿 m³。湘江干流低水头电站特性见表3-2。

表3-2 湘江干流低水头电站特性表

水库名称	流域面积 /km²	水位/m				库容/亿 m³		
		校核水位	设计水位	正常水位	死水位	堰顶高程/m	总库容	正常库容
潇湘	21590	103.00	100.50	97.00	96.00	89.00	1.82	0.85
浯溪	23380	92.47	90.02	88.50	87.50	76.00	2.76	1.78
湘祁	27118	80.12	77.71	75.50	74.80	63.50	3.89	1.61
近尾洲	28597	72.28	69.68	66.00	65.10	57.10	4.60	1.54
土谷塘	37273	67.74	65.03	58.00	57.50	47.00	1.97*	1.97
大源渡	53200	57.86	55.59	50.00	47.80	39.00/37.00	4.51	4.51
株航	66002	48.40	45.83	40.50	38.80	28.50	12.45	4.74
长沙枢纽	90520	36.80	35.73	29.70	29.70	25.00/18.50	6.75*	6.75
合计	347680						38.75	23.75

* 无总库容数据，采用正常库容。

湘江支流涔天河、双牌、欧阳海、水府庙4座水库现状防洪库容4.10亿 m³，通过预泄腾库，降低汛限水位后（在现状汛限水位的基础上降低），可挖掘防洪库容3.56亿 m³/4.52亿 m³（降低3m/4m）；耒水的东江水库4—8月汛期多年平均水位274.80m（取275.00m），按此水位计算，东江水库可挖掘防洪库容13.54亿 m³；加上12座大型水库现状的防洪库容7.59亿 m³，通过预泄腾库，涔天河、双牌、欧阳海、水府庙、东江等12座大型水库可用防洪库容约为24.69亿（降3m）～25.65（降4m）亿 m³。湘江支流大型水库库容挖潜分析见表3-3。

表3-3 湘江支流大型水库库容挖潜分析表

水库名称		涔天河	双牌	欧阳海	水府庙	合计
汛限水位/m		310.50	168.00	128.00	93.00	
现状防洪库容/亿 m³		2.50	0.58	0.57	0.45	4.10
挖掘后库容 /亿 m³	降1m	2.85	0.84	0.84	0.86	5.39
	降2m	3.16	1.09	1.09	1.22	6.56
	降3m	3.47	1.33	1.32	1.55	7.66
	降4m	3.78	1.53	1.50	1.82	8.62

通过预泄腾库，湘江干流8个低水头电站可挖掘滞洪库容10.09亿 m³/12.82亿 m³（降3m/4m）。湘江干流低水头电站库容挖潜分析见表3-4。

表 3 - 4		湘江干流低水头电站库容挖潜分析表							
水库名称	潇湘	浯溪	湘祁	近尾洲	土谷塘	大源渡	株航	长沙枢纽	合计
正常蓄水位/m	97.00	88.50	75.50	66.00	58.00	50.00	40.50	29.70	
正常库容/亿 m³	0.85	1.78	1.61	1.54	1.97	4.51	4.74	6.75	23.75
挖掘后库容 /亿 m³ 降1m	0.93	2.00	1.85	1.80	2.25	5.16	5.49	7.85	27.35
降2m	1.00	2.20	2.06	2.06	2.51	5.74	6.17	8.99	30.73
降3m	1.08	2.40	2.26	2.27	2.76	6.30	6.77	10.00	33.84
降4m	1.16	2.58	2.43	2.45	2.98	6.80	7.30	10.87	36.57

综合以上分析，预报湘江流域将发生流域性超标准大（特大）洪水时，通过预泄腾库提前降水位运行，湘江干支流 20 座水库、电站可提供防洪（滞洪）库容 34.78 亿（降 3m）～38.47（降 4m）亿 m³。

3.1.2 资水

根据《资水流域规划修编》，资水干流规划拟按孔雀滩（222.00m，黄海高程，以下同）、神滩渡（215.00m）、晒谷滩（207.00m）、筱溪（198.00m）、浪石滩（175.00m）、柘溪（167.20m）、东坪（96.50m）、株溪口（87.00m）、金塘冲（78.00m）、马迹塘（55.70m）、白竹洲（48.70m）、修山（43.00m）、史家洲（34.50m）共 13 梯级开发。其中：孔雀滩、神滩渡、晒谷滩、筱溪、浪石滩、柘溪、东坪、株溪口、马迹塘、白竹洲、修山为已建枢纽；金塘冲为在建电站；史家洲（桃花江）梯级处于可行性研究阶段。柘溪上游的孔雀滩、神滩渡、晒谷滩、筱溪、浪石滩 5 个梯级正常库容合计为 2.37 亿 m³；柘溪下游已建梯级东坪、珠溪口、马迹塘、白竹洲、修山 5 个梯级正常库容合计为 1.80 亿 m³。

资水干流梯级开发方案主要技术经济指标见表 3 - 5。

3.1.3 沅江

沅江流域内有白市、托口、五强溪、蟒塘溪、碗米坡、凤滩、竹园、黄石、白云、酉酬等已建及在建大中型防洪水库 10 座，其中贵州 1 座、湖南 8 座、重庆 1 座。沅江流域已建及在建大中型防洪水库统计见表 3 - 6。

流域内凤滩、五强溪、白市、托口等主要防洪水库基本情况分述如下：

（1）凤滩水库。水库位于怀化市沅江支流酉水下游，坝址以上集雨面积 17500km²，占酉水流域面积的 94.4%。开发任务以发电为主，兼使其具有减轻沅江尾闾洪水灾害、改善酉水航运条件等功能。水库正常蓄水位 205.00m、死水位 180.00m，总库容 16.757 亿 m³。正常蓄水位以下库容 13.9 亿 m³、调节库容 8.55 亿 m³，具有季调节性能。4—7 月汛期防洪限制水位 198.50m，预留防洪库容 2.8 亿 m³，其防洪任务是配合五强溪水库为沅江尾闾地区防洪。

（2）五强溪水库。水库位于干流中下游河段，坝址以上控制流域面积 83800km²，约占全流域面积的 92.5%，是干流开发的关键性综合利用枢纽。其开发任务以发电为主，兼使其具有下游尾闾防洪及干流航运等功能。五强溪水库正常蓄水位 108.00m，相应库容 30.58 亿 m³，5—7 月汛期水库防洪限制水位 98.00m，在正常蓄水位 108.00m 以下预留

表 3 - 5　资水干流梯级开发方案主要技术经济指标

名称		孔雀滩	神滩渡	晒谷滩	筱溪	浪石滩	柘溪	东坪	株溪口	金塘冲	马迹塘	白竹洲	修山	史家洲（桃花江）
建设地点		邵阳县小溪市乡	邵阳市大祥区城南乡	新邵县	新邵县	冷水江市	安化县	安化县	安化县	桃江县	桃江县	桃江县	桃江县	益阳市资阳区
控制面积 /km²		11748	12225	14644	15843	16250	22640	22816	23213	25600	26200	26600	27000	27721
多年平均流量 /(m³/s)		301	313	374	407	407	579	605	617	667	686	723	739	755
开发任务		发电、航运、养殖	供水、发电、航运、养殖、旅游	发电、航运、旅游	发电、航运	发电、航运	发电、防洪、航运	供水、发电、航运	发电、航运	防洪、发电、灌溉	发电	发电、航运	发电、航运	发电、航运
水位 /m	正常蓄水位	222.00	215.00	207.00	198.00	175.00	167.20	96.50	87.00	78.00	55.70	48.70	43.00	34.50
	死水位	221.00	207.00	206.20	196.00	174.00	144.00	92.00	86.50	72.00		48.50	42.40	34.00
	防洪限制水位						162.00			72.00				
库容 /亿 m³	正常库容	0.3116	0.422	0.3766	0.986	0.2705	30.25	0.148	0.333	2.48	0.436	0.4364	0.44363	0.481
	兴利库容	0.0621	0.395	0.092	0.1534	0.0456	19.31	0.092	0.052	1.32		0.038	0.0823	0.05
	防洪库容						10.52			1.6				
规划与建设状况		已建	已建	已建	已建	已建	已建	已建	已建	在建	已建	已建	已建	可研

表 3-6　　　　　　　　沅江流域已建及在建大中型防洪水库统计表

省（直辖市）	河流	水库	库容/亿 m³		防洪保护对象
			总库容	防洪库容	
贵州	干流	白市	6.87	1.202	安江河段
湖南	干流	托口	12.49	1.98	安江河段
	干流	五强溪	42.9	13.6	尾闾地区
	潕水	蟒塘溪	1.53	0.22	芷江县城
	酉水	碗米坡	3.78	1.0	保靖县城
	酉水	凤滩	16.76	2.8	沅陵县及尾闾地区
	夷望溪	竹园	1.4	0.53	下游农田
	白洋河	黄石	6	1.42	常德等重要城镇
	巫水	白云	2.98	0.17	城步、绥宁及下游农田
重庆	酉水	酉酬	1.52	0.54	下游城镇及农田
合计			96.23	23.46	

防洪库容 13.6 亿 m³，与凤滩水库 2.8 亿 m³ 防洪库容联合运行，在下游尾闾河段允许泄量 23000m³/s（远景）的条件下，可使沅江尾闾地区的防洪标准由约 5～8 年一遇提高到 30 年一遇。

（3）白市水库和托口水库。白市水库位于清水江下段，总库容 6.87 亿 m³，防洪库容 1.202 亿 m³，可有效提高下游安江地区防洪能力。托口水库位于清水江下段，总库容 12.49 亿 m³，防洪库容 1.98 亿 m³，与白市水库联合调度提高下游安江地区防洪能力。

沅江干流托口以下有洪江、安江、铜湾、清水塘、大洑潭、凌津滩、桃源等低水头梯级电站，其托口以下低水头电站特性见表 3-7。

表 3-7　　　　　　　沅江干流托口以下低水头电站特性表

名称	流域面积 /km²	水位/m		库容/亿 m³			设计洪水位		校核洪水位	
		正常蓄水位	死水位	总库容	正常库容	调节库容	洪水标准重现期/年	水位 /m	洪水标准重现期/年	水位 /m
洪江	35500	190.00	186.00	3.2		0.75				
安江	40101	165.00	163.00	2.32	0.77	0.20	50	170.53	500	175.79
铜湾	41720	152.50	150.50	2.11	1.12	0.23	50	154.02	500	158.41
清水塘	42140	139.00	138.00	2.63	0.533	0.09	50	145.32	500	150.73
大洑潭	46230	129.00	127.50	2.51	1.445	0.35	50	129.03	500	132.84
凌津滩	83800	51.00	50.00	6.34		0.46				
桃源	84700	39.50	39.50							

3.1.4　澧水

澧水流域梯级水库电站研究范围为渔潭、江垭、皂市等 3 座大型水库；1 座已退出发电的贺龙水库；木龙滩、红壁岩、茶庵、城关、茶林河、三江口、长潭河等 7 座低水头电站。

研究范围内 3 座大型水库总库容 33.07 亿 m³，总防洪库容 15.7 亿 m³，正常库容总计 28.91 亿 m³；贺龙水库正常库容 0.47 亿 m³，总库容 0.70 亿 m³；7 座低水头电站正常库容总计 2.34 亿 m³，总库容合计 4.88 亿 m³。11 座水库、电站总库容占到澧水流域省内已建水库总库容的 85％以上。流域梯级水库电站主要参数见表 3-8。

表 3-8　　　　　　　　　　流域梯级水库电站主要参数表

名称	坝址以上控制集水面积/km²	水位/m					库容/亿 m³		
		校核洪水位	设计洪水位	正常蓄水位	汛期防洪限制水位	死水位	总库容	防洪库容	正常库容
渔潭	3473	250.87	250.00	250.00	241.40	235.00	1.215	0.467	1.16
江垭	3711	240.50	236.50	236.00	210.60	188.00	17.45	7.40	15.75
皂市	3000	144.56	143.50	140.00	125.00	112.00	14.40	7.83	12.00
贺龙	2470	294.15	290.58	288.00		268.00	0.7024		0.47
木龙滩	4535	169.08	167.48	165.00		164.50	0.324		0.15
红壁岩	4754	160.72	159.13	155.00		154.50	0.24		0.09
茶庵	6201	101.15	99.56	95.50		92.00	0.223		0.11
城关	11282	96.10	94.55	88.50		84.00			0.088
茶林河	11642	92.04	87.82	81.00		77.00	1.29		0.24
三江口	15070	75.30	73.14	71.00		63.00	1.82		1.05
长潭河	5018	120.73	115.19	115.00		113.50	0.98		0.62

3.2　水库群汛限水位动态分区控制原理研究

3.2.1　研究现状

随着流域复杂水库群系统的建立，开展水库群防洪库容联合设计研究是实现库群系统整体效益大于各单库简单叠加的关键技术手段，是实现水库群联合调度的基本前提和防洪安全边界。目前，水库群防洪库容联合设计的研究目的为在不降低整个流域水库群系统防洪标准的前提下，考虑各水库之间水文、水力联系，推求库群系统最小总防洪库容、各水库防洪库容最优组合方案，或各水库防洪库容可行性组合区间[11]。所采用的主要研究方法可分为风险分析方法、库容补偿方法和大系统聚合分解三大类[12-14]。是否符合水库群防洪标准的衡量通常是选用某种设计频率对应的流域设计洪水过程进行调洪演算判别水库水位或泄量是否超过允许的阈值，或者以库群系统开展联合设计推求出的预留总防洪库容值是否小于现状设计条件下的总防洪库容值作为判别标准。

条件风险价值是经济学范畴中的经典风险度量工具，其广泛应用于金融领域的投资决策和投资组合管理问题[15-17]，且已有不少学者将其应用于水资源管理问题[18-19]。Webby 等[20] 以澳大利亚堪培拉的 Burley Griffin 湖为研究对象，在降雨预报信息给定的情形下采用条件风险价值权衡环境流量和洪水风险多目标问题。Yamout 等[21] 将条件风险价值应用于供水分配问题，并与传统的期望值方案进行对比，发现期望值方案低估了成本。

Piantadosi 等[22] 在随机动态规划中耦合条件风险价值指标，用于指导城市雨水管理的策略制定。Shao 等[23] 提出了一种基于条件风险价值的两阶段随机规划模型，将其应用于由 1 个水库和 3 个用水竞争者构成的复杂系统的水资源分配问题。Soltani 等[24] 构建了基于条件风险价值的目标函数，用于求解河流系统中规划农业用水需求和回流的水资源分配问题。然而，目前已有研究还未将条件风险价值概念引入水库防洪调度范畴中。

本章对水库群防洪库容联合设计开展如下研究：①将经济学中的条件风险价值指标引入水库防洪风险评价范畴，以单库系统为基础，构建各年水库防洪损失条件风险价值指标，并推导各年水库防洪损失条件风险价值的计算公式；②以变化环境下的适应性防洪调度范畴中的非一致性径流条件下汛限水位（防洪库容）优化设计为例，对所提出的基于条件风险价值的防洪损失评价方法的适用性进行验证；③将所提出的防洪损失条件风险价值指标根据定义由单库系统拓展到复杂的库群系统，对湘、资、沅、澧四水流域水库群系统开展实例研究，将水库群系统现状设计防洪库容组合方案所对应的防洪损失条件风险价值指标作为约束上限值，探讨水库群防洪库容联合设计研究，推求库群系统防洪库容组合的可行区间，并剖析各水库防洪库容值对库群系统总防洪库容设计的影响。

3.2.2　单库系统防洪损失条件风险价值评价指标的计算方法

3.2.2.1　洪水风险率计算

洪水风险率是用于衡量防洪标准最常用的传统方法。随着气候变化和人类活动影响，水文径流系列的非一致性假设存在探讨空间[25-27]。需要说明的是，"非一致性"并非本章节研究的侧重点，但在防洪损失评价指标构建过程中针对"一致性"和"非一致性"径流情景的公式推导做了区分，即基于条件风险价值的防洪损失指标既适用于一致性径流情景，也适用于非一致性径流情景。

假设 Q_p 为径流系列的设计洪峰值，而实际径流洪峰值 Q_i 是一个随机变量，p_i 为发生 Q_i 超过 Q_p 事件的概率。在一致性条件下，任意第 i 年，超过概率 p_i 是常数值 p。假设水利工程生命周期是 n 年[28]，该工程面临来水超过设计洪水的事件发生在工程生命周期 n 年之内，则该工程的洪水风险率 R 为[29-30]

$$R = P(I \leqslant n) = p \sum_{i=1}^{n} (1-p)^{i-1} = 1 - (1-p)^n \tag{3-1}$$

在非一致性径流条件下，超过概率 p_i 会随时间变化。因此，该工程的洪水风险率 R 为[31-33]

$$R = P(I \leqslant n) = p_1 + p_2(1-p_1) + \cdots + p_n(1-p_1)(1-p_2)\cdots(1-p_{n-1})$$
$$= \sum_{i=1}^{n} p_i \prod_{t=1}^{i-1} (1-p_t)$$

$$\tag{3-2}$$

3.2.2.2　各年防洪损失条件风险价值指标的建立

1. 风险价值和条件风险价值的基本定义

风险价值（Value-at-Risk，VaR）和条件风险价值（Conditional Value-at-Risk，CVaR）均是财务风险测量工具，亦可应用于水资源相关领域并提供损失值的评价方法。VaR_α 的定义为某一段时间内，在给定的置信水平 α 条件下的最大损失[34-35]，VaR_α 可以

通过一个随机变量的累计分布函数推导得来，即

$$VaR_\alpha = \min[L(x,\theta) \mid \varphi(x,\theta) \geqslant \alpha] \tag{3-3}$$

式中：x 为决策变量；θ 为随机变量；$L(\cdot)$ 为损失函数；$\varphi(\cdot)$ 为累计分布函数；α 为置信水平，取值范围为 $0\sim1$。

VaR_α 并未考虑超过阈值（即置信水平 α 条件下的最大损失）时会发生的损失，且无法区分尾部风险的大小[36]；$CVaR_\alpha$ 是 VaR_α 的一种改进形式，其含义是在一定置信水平上，损失超过 VaR_α 的潜在价值，为评估超额损失的平均水平，即

$$CVaR_\alpha = E[L(x,\theta) \mid L(x,\theta) \geqslant VaR_\alpha]$$

或 $$CVaR_\alpha = E[L(x,\theta) \mid \varphi(x,\theta) \geqslant \alpha] \tag{3-4}$$

式中：E 为期望水平。

为了进一步诠释 VaR_α 和 $CVaR_\alpha$ 的物理含义，本节给出一个计算案例进行对比说明。Mays 和 Tung[37] 所提出的期望防洪损失（Expected Flood Damage，EFD）是在国际洪水风险分析领域的标准评价指标，本节以 EFD 的计算结果 EV 作为对比方案。期望防洪损失 EFD 的计算结果 EV 为

$$EV = \int L(x,\theta) f[L(x,\theta)] \mathrm{d}L \tag{3-5}$$

EV 小于风险价值 VaR_α 和条件风险价值 $CVaR_\alpha$ 对防洪损失的评估值，且缺乏对不同置信水平值的响应。EV、VaR_α 和 $CVaR_\alpha$ 的结果对比如图 3-1 所示，图中黑虚线为假定的概率分布曲线（pdf），黑实线为相应的累积概率分布曲线（cdf）（需要说明的是，此处给定曲线的损失值无实际量纲），根据给定的 pdf 和 cdf 曲线信息按照相应的定义计算期望防洪损失的计算结果 EV、风险价值 VaR_α 和条件风险价值 $CVaR_\alpha$，将结果标记在图中。若给定置信水平 $\alpha = 0.95$，$VaR_{0.95}$ 计算结果为 7.4，其表征的含义是防洪损失超过 7.4 的概率是 5%，关注的是相应于某个置信水平的防洪损失阈值；$CVaR_{0.95}$ 表征的含义是评估超过 $VaR_{0.95}$ 值的曲线尾部部分的期望，更侧重关注发生超过某个防洪损失阈值以外的所有可能的潜在风险损失，计算结果为 8.1。

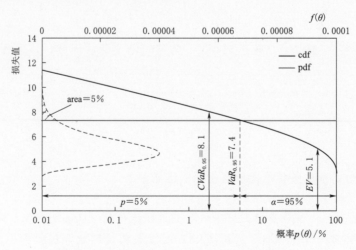

图 3-1 EV、VaR_α 和 $CVaR_\alpha$ 的结果对比

2. 损失函数的构建

损失函数是条件风险价值指标建立的核心，本文通过考虑水库下游防洪控制点需多余承担的洪量来构建水库防洪损失函数 $L(x,\theta)$，从而将经济学中的条件风险价值理念引入水库防洪评价领域。选取水库防洪库容值（或汛限水位）为决策变量 x，入库洪水量为随机变量 θ，损失函数可表达为

$$L(x,\theta)=cw_f(x,\theta) \tag{3-6}$$

式中：$w_f(\cdot)$ 为下游防洪控制点需分担的多余洪量，亿 m^3；c 为下游防洪控制点承受多余洪量 $w_f(\cdot)$ 所需的单位成本，元/m^3。

需要说明的是，$w_f(\cdot)$ 是通过简化考虑下游防洪控制点所需分担的洪量计算得来，即假定超过下游防洪控制点允许安全泄量 Q_Y（Q_Y 是采用下游防洪控制点反推至水库出库控制断面的流量值）标准的部分洪量值为所推求的 $w_f(\cdot)$，下游需分担的多余洪量示意如图 3 - 2 所示。当构建多个水库汛限水位值方案和多种设计频率下的洪水过程方案时，即可建立损失函数 $L(x,\theta)$ 与决策变量 x 和随机变量 θ 之间的联系。

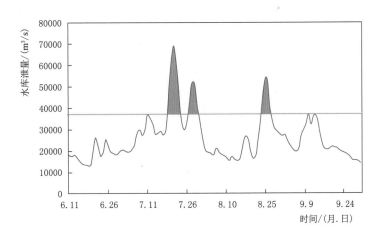

图 3 - 2 下游需分担的多余洪量示意图

3. 各年防洪损失值 $CVaR_\alpha$

根据条件风险价值的基本定义，以及损失函数构建的思路，则可计算相应于置信水平 α 下的条件风险价值 $CVaR_\alpha$，故水库每年的防洪损失值为

$$CVaR_\alpha=E[L(x,\theta)\mid L(x,\theta)\geqslant VaR_\alpha]=\dfrac{\displaystyle\int_{F_\alpha}^{\max}L(x,\theta)f[L(x,\theta)]\mathrm{d}L}{1-\alpha} \tag{3-7}$$

式中：x 为决策变量防洪库容值（或汛限水位值）；θ 为随机变量入库洪水量；$E(\cdot)$ 代表期望；F_α 为相应于置信水平 α 的 VaR_α 值；max 为损失函数的最大值；$f(\cdot)$ 为防洪损失的概率密度函数。

假设防洪损失发生在第 i 年的洪水风险率为 R，则置信水平 α 和洪水风险 R 满足关系式 $\alpha+R=1$。当损失函数 $L(x,\theta)$ 的形式确定，并且给定置信水平 α 时，防洪损失的条件风险价值 $CVaR_\alpha$ 为确定值。

4. n 年的防洪损失条件风险价值推导

若将 n 年的工程生命周期视为整体,当 n 年的损失函数形式确定,并且给定置信水平 α 时,n 年的防洪损失条件风险价值 $CVaR_\alpha^n$ 为确定值。n 年内防洪损失发生的概率为 R,则不发生的概率为 $1-R$,n 年防洪损失的期望值为

$$R \cdot CVaR_\alpha^n + (1-R) \cdot 0 = R \cdot CVaR_\alpha^n \tag{3-8}$$

式中:R 为防洪损失事件在 n 年内至少发生一次的概率,即为洪水风险率,一致性条件下的累计洪水风险率计算式为 $R = 1 - (1-p)^n$,非一致性条件下的累计洪水风险率计算式为 $R = p_1 + p_2(1-p_1) + \cdots + p_n(1-p_1)\cdots(1-p_{n-1})$。

每年防洪损失是否发生是独立性事件(但不限定各年的防洪损失事件的发生是否服从相同的分布),n 年的防洪损失的期望值也可以通过枚举 n 年内防洪损失事件可能发生的组合形式得到,推导的关系式为

$$\begin{aligned}
R \cdot CVaR_\alpha^n = {} & CVaR_{\alpha 1} p_1(1-p_2)\cdots(1-p_n) + CVaR_{\alpha 2} p_2(1-p_1)(1-p_3)\cdots(1-p_n) \\
& + \cdots + CVaR_{\alpha n} p_n(1-p_1)\cdots(1-p_{n-1}) + (CVaR_{\alpha 1} + CVaR_{\alpha 2}) \\
& p_1 p_2(1-p_3)\cdots(1-p_n) + \cdots + (CVaR_{\alpha 1} + CVaR_{\alpha n}) \\
& p_1 p_n(1-p_2)\cdots(1-p_{n-1}) + \cdots + (CVaR_{\alpha 1} + CVaR_{\alpha 2} \\
& + CVaR_{\alpha n}) p_1 p_2 \cdots p_n + 0 \cdot (1-p_1)(1-p_2)\cdots(1-p_n)
\end{aligned} \tag{3-9}$$

式中:$CVaR_{\alpha i}$ 为第 i 年防洪损失事件的条件风险价值,可根据式(3-7)计算得来,且置信水平 $\alpha i = 1 - p_i$。

以 $CVaR_{\alpha 1}$ 为例简化表达式(3-9),$CVaR_{\alpha 1}$ 的系数如 $B1$ 所示,即

$$\begin{aligned}
B1 = {} & p_1(1-p_2)\cdots(1-p_n) + p_1 p_2(1-p_3)\cdots(1-p_n) + \cdots + p_1 p_n(1-p_2)\cdots(1-p_{n-1}) \\
& + p_1 p_2 p_3(1-p_4)\cdots(1-p_n) + \cdots + p_1 p_2 p_n(1-p_3)\cdots(1-p_{n-1}) + \cdots + p_1 p_2 \cdots p_n
\end{aligned} \tag{3-10}$$

$B1$ 中包含 $p_1 p_2 \cdots p_n$ 项的所有组合形式见表 3-9。$p_1 p_2 \cdots p_n$ 项的系数可以提炼如 $B1_n$ 所示,即

$$B1_n = C_{n-1}^{n-1}(-1)^{n-1} + C_{n-1}^{n-2}(-1)^{n-2} + C_{n-1}^{n-3}(-1)^{n-3} + \cdots + C_{n-1}^1(-1)^1 + C_{n-1}^0(-1)^0 \tag{3-11}$$

当项数 n 为偶数时,$p_1 p_2 \cdots p_n$ 项的系数可简化为

$$\begin{aligned}
B1_n = {} & C_{n-1}^0 [(-1)^{n-1} + (-1)^0] + C_{n-1}^1 [(-1)^{n-2} + (-1)^1] + \cdots \\
& + C_{n-1}^{\frac{n}{2}} [(-1)^{\frac{n}{2}-1} + (-1)^{\frac{n}{2}}] = 0
\end{aligned} \tag{3-12}$$

系数 $B1$ 中包含 $p_1 p_2 \cdots p_n$ 项的所有组合形式见表 3-9。

表 3-9 系数 $B1$ 中包含 $p_1 p_2 \cdots p_n$ 项的所有组合形式

$p_1 p_2 \cdots p_n$	组合数	$p_1 p_2 \cdots p_n$ 项系数
$p_1(1-p_2)\cdots(1-p_n)$	C_{n-1}^{n-1}	$(-1)^{n-1}$
$p_1 p_k(1-p_2)\cdots(1-p_i)\cdots(1-p_n)\ (2 \leqslant i \leqslant n, k \neq i)$	C_{n-1}^{n-2}	$(-1)^{n-2}$
$p_1 p_j p_k(1-p_2)\cdots(1-p_i)\cdots(1-p_n)\ (2 \leqslant i \leqslant n, j < k, j \neq i, k \neq i)$	C_{n-1}^{n-3}	$(-1)^{n-3}$

$p_1 p_2 \cdots p_n$	组合数	$p_1 p_2 \cdots p_n$ 项系数
...	...	...
$p_1 p_2 \cdots p_k \cdots p_n (1-p_i)(1-p_j)$ $(2 \leqslant i < j \leqslant n, k \neq i, k \neq j)$	C_{n-1}^2	$(-1)^2$
$p_1 p_2 \cdots p_k \cdots p_n (1-p_i)$ $(2 \leqslant i \leqslant n, k \neq i)$	C_{n-1}^1	$(-1)^1$
$p_1 p_2 \cdots p_n$	C_{n-1}^0	$(-1)^0$

当项数 n 为奇数时，$p_1 p_2 \cdots p_n$ 项的系数可简化为

$$
\begin{aligned}
B1_n &= C_{n-1}^0 (-1)^0 + C_{n-1}^2 (-1)^2 + \cdots + C_{n-1}^{n-1}(-1)^{n-1} \\
&\quad + C_{n-1}^1 (-1)^1 + C_{n-1}^3 (-1)^3 + \cdots + C_{n-1}^{n-2}(-1)^{n-2} \\
&= C_{n-1}^0 + C_{n-1}^2 + \cdots + C_{n-1}^{n-1} - (C_{n-1}^1 + C_{n-1}^3 + \cdots + C_{n-1}^{n-2}) = 0
\end{aligned}
\tag{3-13}
$$

综上所述，无论 n 取值的奇偶性，$p_1 p_2 \cdots p_n$ 项的系数均为零。$CVaR_{a1}$ 的系数 $B1$ 可开展为

$$
\begin{aligned}
B1 &= p_1 - \sum_{i=2}^n p_1 p_i + \sum_{2 \leqslant i < j \leqslant n} p_1 p_i p_j + \cdots + (-1)^{n-1} p_1 p_2 \cdots p_n \\
&\quad + p_1 p_2 - \sum_{i=3}^n p_1 p_2 p_i + \sum_{3 \leqslant i < j \leqslant n} p_1 p_2 p_i p_j + \cdots + (-1)^{n-2} p_1 p_2 \cdots p_n + \cdots \\
&\quad + p_1 p_n - \sum_{i=2}^{n-1} p_1 p_n p_i + \sum_{2 \leqslant i < j \leqslant n-1} p_1 p_n p_i p_j + \cdots + (-1)^{n-2} p_1 p_2 \cdots p_n + \\
&\quad p_1 p_2 p_3 - \sum_{i=4}^n p_1 p_2 p_3 p_i + \sum_{4 \leqslant i < j \leqslant n} p_1 p_2 p_3 p_i p_j + \cdots + (-1)^{n-3} p_1 p_2 \cdots p_n + \cdots \\
&\quad + p_1 p_2 p_n - \sum_{i=3}^{n-1} p_1 p_2 p_n p_i + \sum_{3 \leqslant i < j \leqslant n-1} p_1 p_2 p_n p_i p_j + \cdots + (-1)^{n-3} p_1 p_2 \cdots p_n + \cdots \\
&\quad + p_1 p_2 \cdots p_n \\
&= p_1
\end{aligned}
$$

$$
\tag{3-14}
$$

因此，$CVaR_{a1}$ 的系数 $B1$ 可简化为 $B1 = p_1$，同理可简化 $CVaR_{ai}$ （$i = 1, 2, \cdots, n$）的系数为 p_i，则关系式（3-9）可简化为

$$
CVaR_a^n = \frac{p_1 \cdot CVaR_{a1} + p_2 \cdot CVaR_{a2} + \cdots + p_n \cdot CVaR_{an}}{R}
\tag{3-15}
$$

其中

$$
\alpha = 1 - R
$$

式（3-15）中，在一致性假设前提下风险率 R 的值如式（3-1）计算所得，而在非一致性假设前提下风险率 R 的值如式（3-2）计算所得。

针对式（3-15）的含义可作如下理解：每年是否发生防洪损失是独立性事件，而第 i 年的防洪损失的期望为 $p_i CVaR_{ai}$ ［服从伯努利分布，其期望计算式为 $p_i CVaR_{ai} = p_i \cdot CVaR_{ai} + (1-p_i) \cdot 0$，发生防洪损失的概率为 p_i，损失值为 $CVaR_{ai}$，不发生防洪损失的概率为 $(1-p_i)$，损失值为 0］。因此，式（3-15）的等号右边分子部分的含义可以理解为各年防洪损失期望的累计值。

在一致性径流条件下，各年的来水过程超过同一量级的设计洪水的概率均相同，即 $p_1=p_2=\cdots=p_n=p$，且各年条件风险价值的置信水平 α_i 和设计频率 p_i 的关系满足 $\alpha_i+p_i=1$，因此，水库各年的防洪损失函数的分布形式相同，即各年的防洪损失条件风险价值相同，$CVaR_{\alpha 1}=CVaR_{\alpha 2}=\cdots=CVaR_{\alpha n}=\beta_\alpha$，因此，关系式（3-15）可以简化为

$$CVaR_\alpha^n=\frac{np}{1-(1-p)^n}\beta_\alpha \tag{3-16}$$

其中
$$\alpha=(1-p)^n$$

当工程生命周期 n 年等于重现期 T，$CVaR_\alpha^n$ 可变换为

$$CVaR_\alpha^n=\frac{1}{1-\left(1-\dfrac{1}{T}\right)^T}\beta_{\alpha *} \tag{3-17}$$

其中
$$\alpha *=1-p,\quad \alpha=\left(1-\frac{1}{T}\right)^T$$

3.2.3　单库系统防洪损失条件风险价值评价指标的适用性验证

根据基于条件风险价值的防洪损失评价指标的构建过程可知，该评价指标既可适用于一致性径流条件，又可适用于非一致性径流条件，各年的防洪损失 $CVaR_\alpha$ 和 n 年防洪损失 $CVaR_\alpha^n$ 的计算式均具备通用性。本小节以变化环境下适应性防洪调度范畴中的非一致性径流条件下汛限水位优化设计[38-41] 为例，对所提出的防洪损失条件风险价值评价指标的适用性进行验证。具体来说，若将条件风险价值 $CVaR_\alpha$ 应用于水库特征水位的设计则有以下步骤：①构建损失函数；②选择合适的置信水平 α 和可接受的条件风险价值；③试算法验证多组水位特征值的设置是否合理。

为了验证防洪损失条件风险价值评价指标的适用性，本小节建立了 3 个对比方案：方案 A 为一致性径流条件下的基本方案，n 年的防洪损失条件风险价值直接根据常规防洪调度规则的调洪演算推求得来；方案 B1 为非一致性径流条件下以传统洪水风险率为约束条件的适应性水库汛限水位优化方案；方案 B2 为非一致性径流条件下，以 n 年的防洪损失值 $CVaR_\alpha^n$ 和传统洪水风险率为约束条件的适应性水库汛限水位优化方案。

方案 A 即为水库现状条件下的汛限水位方案，其多年平均汛期发电量以及防洪损失条件风险价值（记为 β_α^n）作为方案 B1 和方案 B2 的对比值；方案 B1 和方案 B2 确立适应性水库汛限水位优化模型的目标函数为水库汛期多年平均发电量最大，即

$$\max\overline{E}(x_1,x_2,\cdots,x_n)=\frac{1}{n}\sum_{j=1}^n E(x_j) \tag{3-18}$$

其中
$$E(x_j)=\sum_{i=1}^m \frac{N_i(x_i)}{m}$$

式中：x_j 为第 j 年的汛限水位值（$j=1$，2，$\cdots$，n），即为适应性水库汛限水位优化模型的决策变量；$E(x_j)$ 为第 j 年水库汛限水位为 x_j 时汛期发电量；m 为水库实测径流资料的长度；N_i 为第 i 年的汛期发电量（$i=1$，2，$\cdots$，m）。

适应性水库汛限水位优化模型包括如下约束条件：

（1）累计洪水风险率为
$$R_j^{ns}(x_1,x_2,\cdots,x_j)\leqslant R_j^s(x_1^*,x_2^*,\cdots,x_j^*) \tag{3-19}$$

式中：$R_j^s()$ 为一致性径流条件下第 j 年的累计洪水风险率，每年汛限水位值均选取水库现状汛限水位设计值 $x_1^* = x_2^* = \cdots = x_j^* = x_0$；$R_j^{ns}()$ 为非一致性径流条件下第 j 年的累计洪水风险率。

（2）条件风险价值为

$$CVaR_a^n(x_1, x_2, \cdots, x_n) \leqslant \beta_a^n(x_1^*, x_2^*, \cdots, x_n^*) \tag{3-20}$$

式中：$\beta_a^n()$ 为 n 年时段内一致性径流条件下的防洪损失条件风险价值，每年汛限水位值均选取水库现状汛限水位设计值 $x_1^* = x_2^* = \cdots = x_n^* = x_0$；$CVaR_a^n()$ 为 n 年时段内非一致性径流条件下的防洪损失条件风险价值。

（3）水量平衡方程为

$$V_{t+1} = V_t + (I_t - Q_t)\Delta t \tag{3-21}$$

式中：Δt 为计算单位时长；I_t 为水库在 Δt 时段的入库流量；Q_t 为水库在 Δt 时段的出库流量；V_t 为水库在 t 时刻的库容。

（4）水库库容值约束为

$$V_{\min} \leqslant V_t \leqslant V_{\max} \tag{3-22}$$

式中：$V_{\min}$ 为水库在汛期的最小库容；$V_{\max}$ 为水库在汛期的最大库容。

（5）水库泄流能力约束为

$$Q_t \leqslant Q_{\max}(Z_t) \tag{3-23}$$

式中：$Q_{\max}(Z_t)$ 为水库水位为 Z_t 时的最大下泄流量。

方案 B1 采用传统的累积洪水风险率作为防洪约束，即约束条件为式（3-19）；方案 B2 采用 n 年时段内的防洪损失条件风险价值 $CVaR_a^n$ 和累积洪水风险率作为防洪约束，即约束条件为式（3-19）～式（3-23）。

3.2.4　水库群系统防洪损失条件风险价值指标的计算方法

在单库系统防洪损失条件风险价值计算方法的基础上，将水库群系统防洪损失条件风险价值指标拓展应用到水库群系统中。以库群系统中的水库下游防洪控制点为研究对象，分别建立相应的防洪损失条件风险价值指标，若下游防洪控制点 k 对应的上游水库个数为 n，则其防洪损失条件风险价值为

$$CVaR_{k,a} = \frac{\int_{F_{k,a}}^{\max_k} L_k(x_1, x_2, \cdots, x_n, \theta_k) f_k(L_k(x_1, x_2, \cdots, x_n, \theta_k))dL_k}{1-\alpha} \tag{3-24}$$

式中：x_n 为第 n 个水库的防洪库容值（或汛限水位值）；θ_k 为库群系统对应的流域洪水量级；$L_k()$ 为防洪控制点的损失函数；$F_{k,a}$ 为相应于置信水平 α 的防洪损失阈值；$\max_k$ 为损失函数的最大值；$f_k()$ 为防洪损失的概率密度函数。

针对库群系统中不同的防洪控制点 k 可分别推求其相应的防洪损失条件风险价值 $CVaR_{k,a}$，并将库群系统划分为不同防洪控制点对应的子系统；在每个子系统层面，以各水库现状设计防洪库容对应的防洪损失条件风险价值为约束上限，可推求子系统中各水库允许的最小防洪库容值。从库群系统层面，若以现状的水库防洪库容（或汛限水位）组合

方案计算所得的条件风险价值为约束上限，即可识别水库群系统中不同水库防洪库容组合方案的可行性，从而开展基于条件风险价值防洪损失评价指标的水库群防洪库容可行区间研究。

需要说明的是，依据我国《水利水电工程设计洪水计算规范》（SL 44—2006），推求水库群系统设计洪水过程的研究方法主要有典型年地区组成法、频率组合法和随机模拟法[42]。由于本章节研究内容的侧重点在于提出基于条件风险价值的防洪损失评价指标，且重点关注流域水库群系统中防洪控制点的防洪安全，故本章节中库群系统中的设计洪水过程采用典型年地区组成法进行推求。典型年地区组成法思路清晰、直观，且具有计算简便的特点，常适用于分区较多且组成较为复杂的情形，是计算梯级水库设计洪水最常用的方法。典型年地区组成法的基本思想是从对防洪不利的角度出发，于实测洪水序列中挑选一个或几个具有代表性的洪水典型年，然后将设计断面的设计洪量视为核心控制参数，根据典型年各分区与该设计断面之间的洪量比例关系，推求各分区的洪量值。

针对水库群防洪库容联合设计开展如下研究：首先，基于经济学条件风险价值理论建立单库系统各年防洪损失条件风险价值评价指标 $CVaR_\alpha$，并推导 n 年水库防洪损失条件风险价值 $CVaR_\alpha^n$ 的计算通用公式，且该公式不局限于水文径流一致性假设是否成立；其次，为了验证所提出的防洪损失条件风险价值指标的适用性，以适应变化环境的水库汛限水位优化设计研究为例，将传统的洪水风险率指标作为对比方案；最后，建立水库群防洪损失条件风险价值指标，推求水库群系统防洪库容组合的可行区间。

3.3　基于风险分析的水库群汛限水位动态控制模型构建

3.3.1　研究现状

实施水库实时预报调度是流域汛期防洪管理的重要组成部分。水库实时预报调度过程包括采集水雨情信息、实时预报洪水过程、生成与选择调度方案多个环节，每个环节中都存在不确定性因素[43]。其中，洪水预报信息作为实时调度的决策基础，信息的准确性和误差大小直接影响着汛期水库实时调度的安全性。然而，除了受到水文气象因素影响外，预报模型的参数和结构也是洪水预报误差的来源。已有研究表明，洪水预报误差无可避免，且预报的不确定性是防洪预报调度的最主要风险源[44]，这种不确定性会通过水库调度决策传递成为水库水位超过阈值或下游防洪控制点失事的风险，一旦风险超过阈值，就有可能引发重大灾害事件，威胁到广大民众的生命和财产安全。因此，如何定量描述误差与风险传递关系，以及如何在实时预报调度中评估决策风险并束缚决策，是实时预报调度及其风险评估中值得研究的关键问题。

目前，较为常用的防洪风险定量分析方法是蒙特卡罗法和解析分析法，蒙特卡罗法计算量大且耗时，难以满足实时评估风险的需求，而解析分析法在水库群系统层面难以开展。此外，大多数研究都选择以水文预报的不确定性作为切入点[45]，并且只考虑了预见期内入库洪水预报误差的不确定性，却未考虑如何定量描述预见期外的防洪风险。

为了能够考虑由于预见期内决策导致的未来时段潜在的防洪风险，Liu 等[46] 提出了一种基于预见期—余留期两阶段的水库防洪风险定量计算方法，该方法将未来调度时期划分为预见期内和余留期（预见期外）两阶段，既考虑了预见期内的洪水预报不确定性导致的风险，又考虑了预见期末水位过高所带来的潜在防洪风险。两阶段方法将预见期与整个未来调度期联系起来，在实时调度范畴已得到不少应用[47-48]。

张晓琦等[49] 在单库两阶段防洪风险计算方法的基础上，提出了水库群两阶段防洪风险计算方法，解决了由于复杂水库群系统内各水库预见期长度不同、预报精度不同，难以在水库群层面评估汛期运行水位动态控制风险的问题[50]。

针对两阶段方法在水库群汛期实时优化调度中的运用问题，展开如下研究：基于水库群两阶段防洪风险计算方法，构建以发电效益最大为目标函数的水库群汛期实时优化调度模型，采用预报-滚动模式不断求解当前时刻对应未来预见期内的最优调度决策，并实时评估最优决策的两阶段防洪风险率，作为防洪约束条件之一以规避防洪风险事件的发生，依次推进到调度期末得到水库群实时调度最优决策轨迹。

3.3.2　水库群两阶段防洪风险计算方法

研究基于水库群两阶段防洪风险计算方法评估水库群防洪风险。将未来调度时段划分为预见期内和预见期外（余留期）两阶段：在预见期内生成若干组径流预报情景，通过统计若干组径流情景中发生防洪风险事件的情景数占总情景数的比例，定量计算预报不确定性所带来的防洪风险；预见期外假设会发生频率为 P 的设计洪水，从预见期末水位起调，对频率为 P 的设计洪水不断调洪试算，在某一选定的风险阈值指标控制下，将水库能安全调节的最大重现期设计洪水对应的频率 P 作为预见期外防洪风险率值。两阶段总防洪风险率值为预见期内和预见期外两阶段的耦合计算[50]。该方法既考虑了预见期内的洪水预报不确定性导致的防洪风险，又考虑了预见期外水位过高带来的潜在防洪风险。水库群（双库）两阶段防洪风险计算方法示意如图 3-3 所示。

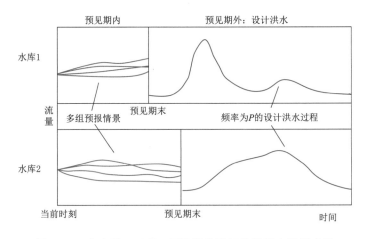

图 3-3　水库群（双库）两阶段防洪风险计算方法示意图

在复杂水库群系统中实施联合预报调度，通常受到水库间预见期长度不一致、精度不匹配的制约。对于这一难题，已往研究不得不"取短"，选用最短预见期时长作为联合调度的预见期。该做法的局限性在于未能充分利用预见期内的洪水预报信息，而基于水库群两阶段防洪风险计算方法对此提出了另一种解决方案，即根据预见期长度差异，选取起始时间不一致的典型设计洪水以弥补预见期长度的差异，从而使水库群系统中所有水库预见期内的洪水预报信息都能得到充分利用。

3.3.2.1 预见期内防洪风险率计算

风险率是指一定时空条件下非期望事件发生的概率，或定义为超过（或不超过）某一特定阈值的概率[51]。预见期内的防洪风险率指在预见期内水库发生防洪风险事件的概率，此处将防洪风险事件定义为水库上游水位超过水位阈值，或水库出库流量超过下游允许泄量。因此，判断预见期内水库是否发生防洪风险事件有两种标准可供选择，即水库上游水位阈值或水库下游允许泄量。

预见期内的洪水预报信息往往存在误差，且随着时间的推移预报误差逐渐变大。本研究采用在预见期长度的入库径流预报上叠加随机误差的方法，随机生成若干组径流预报情景，定量计算发生防洪风险事件的情景数占总情景数的比例，其值作为预见期内的防洪风险率值。这一做法定量评估了水文预报不确定性带来的防洪风险。针对水库群，预见期内防洪风险率 R_{S1} 为

$$R_{S1} = P\left(\bigcup_{k=1}^{n} (r^k > threshold_k)\right)$$

$$= P\left(\bigcup_{k=1}^{n} \frac{\sum_{i_k=1}^{M_k} \#(r^k_{i_k,t} > threshold_k, \forall t = t_1, t_2, \cdots, t_{F_k})}{M_k}\right) \quad (3-25)$$

其中 $\#(r^k_{i_k,t} > threshold_k, \forall t = t_1, t_2, \cdots, t_{F_k}) = \begin{cases} 1 & r^k_{i_k,t} > threshold_k, \forall t = t_1, t_2, \cdots, t_{F_k} \\ 0 & otherwise \end{cases}$

式中：n 为水库群系统中水库个数；M_k 为第 k 个水库入库径流情景总数（$k=1, 2, \cdots, n$）；$threshold_k$ 为第 k 个水库风险事件发生与否的判断阈值（水库下游允许泄量值 Q_{ck} 或者水库上游水位阈值 Z_{ck}）；t_{F_k} 为水库预见期长度，$\#(r^k_{i_k,t} > threshold_k, \forall t = t_1, t_2, \cdots, t_{F_k})$ 为第 i 个情景的二项式分布函数，如果第 k 个水库的第 i 个径流预报情景存在任意时刻的 $r^k_{i,t}$（水库下游泄量 $Q^k_{i,t}$ 或者水库上游水位 $Z^k_{i,t}$）超过相应的阈值，则该式的值取为 1，否则该式的值取为 0（即使同一情景内洪水风险事件发生次数多于 1 次，该式的值仍取为 1）；$\sum_{i_k=1}^{M_k} \#(r^k_{i_k,t} > threshold_k, \forall t = t_1, t_2, \cdots, t_{F_k})$ 为统计发生 $r^k_{i,t}$ 超过阈值 $threshold_k$ 情景数。

3.3.2.2 预见期外防洪风险率计算

预见期外（余留期）即未来调度时段，计算预见期外的防洪风险率是为了充分评估由于当下决策导致预见期末水位过高，不能留有余裕以充分应对未来洪水的潜在防洪风险。在保证水库及下游防洪安全前提下，从预见期末水位开始起调，假设水库遭遇一场频率为 P 的设计洪水，按照常规调度规则进行调洪演算，如果调洪过程中水库坝前最高水位正好等于先前所选取的水位阈值，那么就认为 P 是预见期外的防洪风险率值，也可以理解

为：给定起调水位，在某一选定阈值指标控制下，将水库能安全调节的最大重现期的设计洪水频率 P 作为预见期外防洪风险率值。假设第 k 个水库在预见期末 t_{F_k} 时刻的水库水位 $Z_{i_k,t_{F_k}}^k$ 与预见期以外调度时段内即将发生的洪水事件独立，预见期以外的水库群防洪风险率 R_{S2} 为

$$R_{S2} = \sum_{i_n=1}^{i_n=M_n} \sum_{i_{n-1}=1}^{i_{n-1}=M_{n-1}} \cdots \sum_{i_1=1}^{i_1=M_1} R(Z_{i_1,t_{F_1}}^1, Z_{i_2,t_{F_2}}^2, \cdots, Z_{i_n,t_{F_n}}^n) P(Z_{i_1,t_{F_1}}^1, Z_{i_2,t_{F_2}}^2, \cdots, Z_{i_n,t_{F_n}}^n)$$

$$= \frac{\sum_{i_n=1}^{i_n=M_n} \sum_{i_{n-1}=1}^{i_{n-1}=M_{n-1}} \cdots \sum_{i_1=1}^{i_1=M_1} R(Z_{i_1,t_{F_1}}^1, Z_{i_2,t_{F_2}}^2, \cdots, Z_{i_n,t_{F_n}}^n)}{\prod_{k=1}^{n} M_k} \tag{3-26}$$

式中：$Z_{i_k,t_{F_k}}^k$ 为第 k 个水库在第 i 个入库径流情景的预见期末 t_{F_k} 时刻的水库水位；n 为水库群系统中水库个数；$P(Z_{i_1,t_{F_1}}^1, Z_{i_2,t_{F_2}}^2, \cdots, Z_{i_n,t_{F_n}}^n)$ 为系统中各水库预见期末水位组合为 $Z_{i_1,t_{F_1}}^1, Z_{i_2,t_{F_2}}^2, \cdots, Z_{i_n,t_{F_n}}^n$ 的概率，且 $P(Z_{i_1,t_{F_1}}^1, Z_{i_2,t_{F_2}}^2, \cdots, Z_{i_n,t_{F_n}}^n)$ 的取值通常可取为等概率 $\dfrac{1}{\prod_{k=1}^{n} M_k}$，将各水库预见期末水位组合情景均视为等概率事件；$R(Z_{i_1,t_{F_1}}^1, Z_{i_2,t_{F_2}}^2, \cdots, Z_{i_n,t_{F_n}}^n)$ 为以水库水位组合 $Z_{i_1,t_{F_1}}^1, Z_{i_2,t_{F_2}}^2, \cdots, Z_{i_n,t_{F_n}}^n$ 起调且恰好水库群发生防洪风险事件的洪水概率，可通过水库调洪演算获得。

3.3.2.3　水库群总防洪风险率计算

水库群总防洪风险率为预见期内和预见期外两阶段防洪风险率的耦合，即水库群总防洪风险率 R_{TS} 为

$$R_{TS} = R_{S1} + P(R_{S2} \mid \overline{R}_{S1})$$

$$= P\left(\bigcup_{k=1}^{n} \frac{\sum_{i_k=1, i_k \in T_k}^{M_k} \# (r_{i_k,t}^k > threshold_k, \forall t = t_1, t_2, \cdots, t_{F_k})}{M_k} \right)$$

$$+ \frac{\sum_{i_n=1, i_n \notin T_n}^{i_n=M_n} \sum_{i_{n-1}=1, i_{n-1} \notin T_{n-1}}^{i_{n-1}=M_{n-1}} \cdots \sum_{i_1=1, i_1 \notin T_1}^{i_1=M_1} R(Z_{i_1,t_{F_1}}^1, Z_{i_2,t_{F_2}}^2, \cdots, Z_{i_n,t_{F_n}}^n)}{\prod_{k=1}^{n} M_k} \tag{3-27}$$

式中：T_k 代表第 i 个水库在预见期内发生防洪风险事件（水库下游泄量 $Q_{i,t}^k$ 或者水库上游水位 $Z_{i,t}^k$ 超过相应的阈值）的径流预报情景集合。

3.3.3　以两阶段防洪风险为约束的实时优化调度模型

水库群实时优化调度模型主要包括实时预报-滚动优化调度模块和两阶段防洪风险率计算模块。以两阶段防洪风险为约束的实时优化调度模型框架示意如图 3-4 所示。

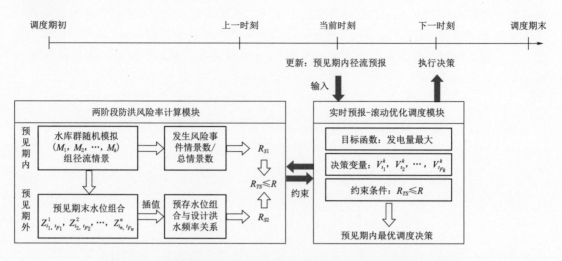

图 3-4　以两阶段防洪风险为约束的实时优化调度模型框架示意图

3.3.3.1　实时预报-滚动优化调度模块

实时预报-滚动优化调度模块说明如下：当前时刻，预见期内预报信息有所更新，依据最新的预报信息求解预见期内水库群最优调度决策，并实时计算以两阶段防洪风险作为约束的最优决策。假设调度步长为 Δt，预见期长度为 $n\Delta t$，若当前时刻为 T，下一时刻为 $T+\Delta t$，实时优化调度模型能够给出 $T+\Delta t \sim T+n\Delta t$（预见期末）的调度决策，此决策将在 $T+\Delta t \sim T+2\Delta t$ 时刻执行一个调度步长，下一时刻同理，依次推进到整个调度期末。实时预报-滚动优化调度模式决策执行示意如图 3-5 所示。

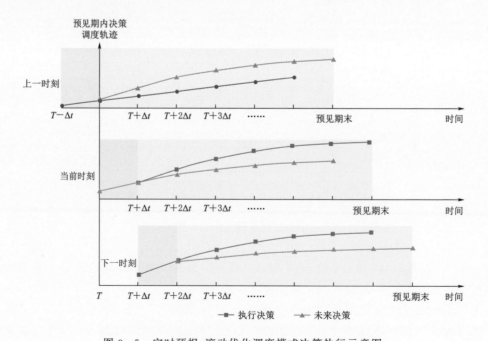

图 3-5　实时预报-滚动优化调度模式决策执行示意图

3.3.3.2 模型与求解

1. 目标函数

水库群系统实时优化调度模型的目标函数 $\max E_{Total}$ 为预见期内发电效益最大，即

$$\max E_{Total} = \sum_{k=1}^{n} E_k(V_{t_1}^k, V_{t_2}^k, \cdots, V_{t_{F_k}}^k) \qquad (3-28)$$

式中：V_t^k 为水库群系统中第 k 个水库在预见期内 t 时刻的水库库容值（$t = t_1, t_2, \cdots, t_{F_k}$）；$E_k()$ 为第 k 个水库在预见期内的发电量；E_{Total} 为水库群系统在预见期内的总发电量。

2. 决策变量

决策变量包括：预见期内每个时刻的库容值 $V_{t_1}^k$，$V_{t_2}^k$，$\cdots$，$V_{t_{F_k}}^k$；V_t^k 为水库群系统中第 k 个水库在预见期内 t 时刻（$t = t_1, t_2, \cdots, t_{F_k}$）的库容值；$t_{F_k}$ 为该水库的预见期长度。

3. 约束条件

（1）两阶段风险率约束为

$$R_{TS} \leqslant R_{accepted} \qquad (3-29)$$

式中：$R_{accepted}$ 为水库群系统的防洪标准。

（2）水量平衡约束为

$$V_{t+1}^k = V_t^k + (Q_t^k - q_t^k)\Delta t \qquad (3-30)$$

式中：k 为水库群系统中第 k 个水库；V_t^k 和 V_{t+1}^k 为第 k 个水库 t 时段初和末水库蓄水量；Q_t^k 为 t 时段水库的入库流量；q_t^k 为 t 时段水库的出库流量。

（3）库容约束为

$$V_{min}^k \leqslant V_t^k \leqslant V_{max}^k \qquad (3-31)$$

式中：V_{min}^k 和 V_{max}^k 为第 k 个水库在汛期调度期内的库容下限和上限值。

（4）泄流能力约束为

$$q_t^k \leqslant q_{max}^k(Z_t^k) \qquad (3-32)$$

式中：$q_{max}^k(Z_t^k)$ 为第 k 个水库在时刻 t 库水位为 Z_t^k 所对应的最大下泄能力。

（5）流量变幅约束为

$$|q_t^k - q_{t-1}^k| \leqslant \Delta q_m^k \qquad (3-33)$$

式中：Δq_m^k 为第 k 个水库允许的最大流量变幅。

（6）河道洪水演算为

$$I_t^k = f(q_t^{k-1}) + O_t^k \qquad (3-34)$$

式中：$f()$ 为河道演算方程；O_t^k 为第 $k-1$ 个水库和第 k 个水库之间的区间流量（$k = 2, \cdots, n$）；I_t^k 为第 k 个水库的入库流量。

4. 模型求解

水库群系统实时优化调度模型采用 MATLAB 中非线性优化函数 fmincon 求解，该函数可以用于求解非线性规划问题。

3.3.4 研究实例——澧水流域水库群

3.3.4.1 澧水流域水库群两阶段防洪风险评估方案

澧水流域水库群系统概化如图3-6所示。针对澧水流域，考虑江垭、皂市2座水库进行联合调度，以主汛期（2012年6月20日至7月31日）发电效益最大为实时优化调度目标，两阶段防洪风险率作为约束之一，以小时为尺度实时滚动优化调度，并与实际调度进行对比。

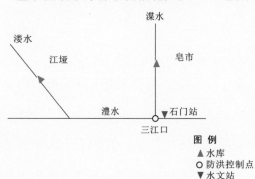

图3-6 澧水流域水库群系统概化图

评估并对比2012年主汛期澧水实际调度过程的两阶段防洪风险。特别说明，针对澧水流域水库群，其防洪风险事件定义为：经水库群调度后，某一时刻演进到三江口防洪控制断面的流量超过三江口防洪控制断面规定流量。为考虑风险评估的多样性，在评估中采用了3种不同的规定流量方案，以评估不同方案对应的主汛期防洪风险。三江口防洪控制断面规定流量设置方案见表3-10。

预见期内，调度期初始时刻采用实际调度水位值，江垭、皂市入库流量分别模拟生成100组随机入库径流情景，出库流量采用实际出库流量值；预见期外，对三江口以上组合设计洪水进行调洪演算，恰好发生水库防洪风险事件（三江口以上组合洪水超过三江口防洪控制断面规定流量）时的洪水概率作为预见期外的防洪风险率。

表3-10 三江口防洪控制断面规定流量方案

方案	流量/(m³/s)
方案一	控制流量12000
方案二	实测最大流量19900
方案三	设计流量（$P=1\%$）24400

3.3.4.2 预见期内防洪风险率计算

采用实测径流叠加相对预报误差的方法模拟生成若干组随机径流情景，对于江垭、皂市2座水库，预见期均为8h。澧水流域水库群预见期内相对预报误差设置见表3-11。

表3-11 澧水流域水库群预见期内相对预报误差设置

预见期/h	1	2	3	4	5	6	7	8
预报精度/%	5	5	10	10	15	15	20	20

3.3.4.3 预见期外防洪风险率计算

预见期外，按照常规调度规则对频率为P的设计洪水进行调洪演算，计算预见期外的水库群防洪风险。

1. 设计洪水推求

选用澧水流域1998年7月20日14时起典型洪水的洪峰、24h、72h、168h洪量设计值，采用分时段同频率控制放大法进行放大。澧水流域1998年典型洪水过程线如图3-7所示（时段间隔2h)，设计洪水成果见表3-12。

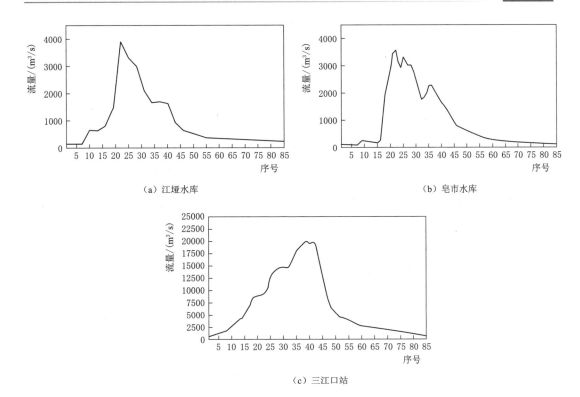

（a）江垭水库　　　　　　　　　　　　（b）皂市水库

（c）三江口站

图 3-7　澧水流域 1998 年典型洪水过程线（时段间隔 2h）

表 3-12　　　　　　　　　　　　澧水流域设计洪水成果表

水库 （水文站）	洪量	参数				P/%					
		均值	C_v	C_S	C_S/C_v	0.02	0.1	0.2	0.5	1	2
江垭	$Q_m/(m^3/s)$	3560	0.49	1.72	3.5	15700	13200	12100	10700	9580	8470
	$W_{24h}/亿\,m^3$	2.19	0.50	1.75	3.5	9.89	8.29	7.60	6.69	6.00	5.30
	$W_{72h}/亿\,m^3$	4.10	0.55	1.93	3.5	20.72	17.20	15.68	13.67	12.10	10.60
	$W_{168h}/亿\,m^3$	5.09	0.60	2.40	4	30.38	24.71	22.28	19.09	20.60	17.60
皂市	$Q_m/(m^3/s)$	3740	0.48	1.68	3.5	16100	13600	12500	11000	9910	8790
	$W_{24h}/亿\,m^3$	2.02	0.48	1.92	4	9.15	7.66	7.01	6.14	5.47	4.83
	$W_{72h}/亿\,m^3$	3.60	0.56	2.24	4	19.70	16.10	14.60	12.60	11.10	9.58
	$W_{168h}/亿\,m^3$	4.46	0.60	2.40	4	26.62	21.65	19.52	16.73	14.63	12.55
三江口	$Q_m/(m^3/s)$	10300	0.44	1.54	3.5	40300	34300	31700	28200	25500	22800
	$W_{24h}/亿\,m^3$	6.92	0.50	1.75	3.5	31.24	26.21	24.03	21.13	19.00	16.70
	$W_{72h}/亿\,m^3$	13.90	0.53	1.85	3.5	67.21	56.01	51.17	44.76	40.00	35.00
	$W_{168h}/亿\,m^3$	14.71	0.62	2.48	4	91.60	74.20	66.77	57.01	73.70	63.00

2. 预见期外防洪风险率计算

针对澧水流域水库群系统，预见期外的防洪风险率计算式如式（3-13）所示。其中，江垭水库、皂市水库的径流情景数各为 100（澧水流域水库群系统总情景数为 10000），$R(Z_{i_1,t_{F_1}}^1, Z_{i_2,t_{F_2}}^2)$ 通过水库群系统按照常规调度规则对设计洪水进行调洪演算推求得到，并将计算结果预存于实时优化调度模型中。

不同方案下（三江口控制流量不同）预见期外防洪风险率与澧水流域水库群预见期末水位组合关系如图 3-8～图 3-10 所示。江垭水库预见期末水位的变幅范围为 200.00～236.00m，而皂市水库预见期末水位的变幅范围为 115.00～143.50m。

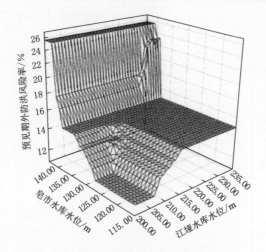

图 3-8 预见期外防洪风险率与澧水流域
水库群预见期末水位组合关系图
（方案一：三江口防洪控制断面
规定流量 12000m³/s）

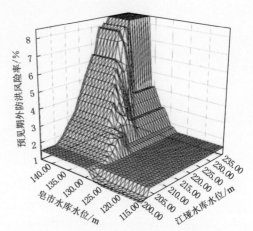

图 3-9 预见期外防洪风险率与澧水流域
水库群预见期末水位组合关系图
（方案二：三江口防洪控制断面
规定流量 19900m³/s）

3.3.4.4 澧水流域水库群实时发电优化调度结果

1. 实时优化调度方案发电效益分析与对比

构建澧水流域水库群实时优化调度模型，江垭水库和皂市水库的预见期长度（模型决策变量长度）均为 8h，调度步长为 1h。

根据 2012 年澧水流域水库群汛期实际调度资料分析，2012 年流域面临的防洪压力适中，完全可以在保证防洪安全的前提下考虑增加发电效益。然而，实际调度既没有最大化防洪效益，发电效益也极低，存在较大优化空间。

澧水流域水库群 2012 年主汛期实时优化调度与实际调度发电效益对比见表 3-13，实时优化调度与实际调度过程对比如图 3-11 所示。

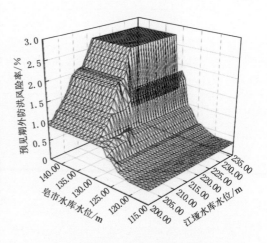

图 3-10 预见期外防洪风险率与澧水流域
水库群预见期末水位组合关系图
（方案三：三江口防洪控制断面
规定流量 24400m³/s）

表 3－13　　澧水流域水库群 2012 年主汛期实时优化调度与实际调度发电效益对比表

水库	指标	实际调度	实时优化调度	阈值
江垭	主汛期发电量/(亿 kW·h)	1.082	1.187	—
	坝前最高水位/m	216.16	214.79	236
	最大下泄流量/(m³/s)	1190	915	—
皂市	主汛期发电量/(亿 kW·h)	0.992	1.127	—
	坝前最高水位/m	136.34	133.71	143.5
	最大下泄流量/(m³/s)	1650	924	—

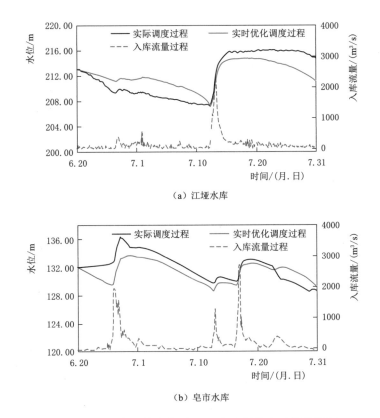

（a）江垭水库

（b）皂市水库

图 3－11　澧水流域水库群 2012 年主汛期实时优化调度
与实际调度过程对比图

由表 3－13 可知：从发电效益角度出发，实际调度方案主汛期总发电量为 2.074 亿 kW·h，优化调度方案主汛期总发电量为 2.314 亿 kW·h，实时优化调度方案在两阶段防洪风险率的有效约束下将水库群主汛期的发电量提高了 11.57％，其中，江垭水库主汛期发电量提升了约 9.7％，皂市水库主汛期发电量提升了约 13.6％；从防洪角度出发，江垭水库坝前最高水位从 216.16m 优化为 214.79m，皂市水库坝前最高水位从 136.34m 优化为 133.71m，最大下泄流量也有所降低，最大限度地保证了三江口的防洪安全，两阶段防洪风险率对实时调度决策起到了极为有效的约束作用。结果表明，以两阶段防洪风险为约束的实时预报-滚动优化调度模型能在防洪风险可控的前提下，实现水库群发电效益最大化。

2. 实时优化调度方案两阶段防洪风险率评估与对比

在3种不同方案下（三江口控制流量不同），2012年主汛期澧水流域水库群实时优化调度过程与实际调度过程两阶段防洪风险对比结果如图3-11所示。

就2012年澧水流域水库群而言，即使考虑不同防洪标准等级的防洪风险事件，其预见期内的防洪风险率亦为0。然而，采用两阶段方法计算得到的防洪风险率均不为0，说明采用两阶段方法来评估澧水流域水库群主汛期防洪风险是有必要的。在不同防洪风险事件的定义下，主汛期防洪风险率计算结果有所不同。

（1）当三江口防洪控制断面规定流量为12000m³/s时，实时优化调度方案主汛期的防洪风险率为 [13.196%，14.894%]，对比实际调度，实时优化调度与其防洪风险率变化趋势基本一致，但防洪风险率有所降低，特别是在2012年7月11—31日。

（2）当三江口防洪控制断面规定流量为历史最大流量19900m³/s时，主汛期的防洪风险率为 [1.761%，3.664%]，对比实际调度实时优化调度与其防洪风险率变化趋势一致。然而，当来水较小时，实时优化调度方案的防洪风险率往往高于实际调度；当来水较大时，实时优化调度方案防洪风险率往往低于实际调度。

（3）当三江口防洪控制断面规定流量为设计标准流量24400m³/s时，主汛期的防洪风险率为 [0.969%，2.3954%]。当来水较小时，实时优化调度方案的防洪风险率往往高于实际调度；当来水较大时，实时优化调度方案防洪风险率往往低于实际调度。

综合分析，当来水量较小时，相比于实际调度，实时优化调度的出库流量会相对较大以便获取发电效益，因此可能会导致下游防洪控制点的防洪风险略微增加；当洪水来临时，通过考虑两阶段防洪风险约束，优化调度方案有效降低了防洪风险，在防洪风险可控的前提下，实现了水库群发电效益最大化。

第4章 流域水库群联合防洪优化调度模型与重点区域防洪调度方案

4.1 流域水库群联合防洪调度模型构建

针对湘、资、沅、澧四水流域防洪问题构建水库群联合防洪优化调度模型。首先，根据四水流域特性，以最大削峰准则为目标，考虑最大下泄流量、水电机组最大出力、生态基流等约束条件，分别构建了湘江、资水、沅江、澧水水库群防洪优化调度模型，并进行了模型合理性验证；其次，在兼顾四水流域控制点洪峰流量、保障流域内 11 座大型水库安全运行的基础上，以四水汇入洞庭湖的最大流量最小为目标，构建了四水流域水库群联合防洪优化调度模型。

4.1.1 湘江流域水库群防洪优化调度模型

4.1.1.1 问题描述

湘江流域水库群防洪优化调度模型旨在研究湘江流域的水库群联合防洪调度问题。湘江流域分为上游永州市河段、中游衡阳市河段、下游长株潭河段，以下游防洪控制点湘潭站削峰量最大为目标准则，在保障各水库坝前最高水位低于防洪高水位的基础上，优化各水库出库流量过程（调度时段为 3h），使下游防洪控制点湘潭站的最大流量最小，以此实现防洪效益的最大化。

最大削峰模型是水库防洪优化调度问题应用比较广泛的目标函数之一，其目标任务是充分发挥水库调蓄能力，削减洪峰流量，保证下游防护对象的安全[52]。问题描述为：给定调度期内入库洪水过程以及区间洪水过程、水库起调水位及预期末水位，在考虑最大下泄流量、水电机组最大出力、生态基流等约束条件下，确定水库的洪水调度过程，使水库下游组合流量平方和最小。

根据流域洪水的传播特性，调度模型计算采取从上游到下游，从支流到干流的计算流程，各水库根据拟定的防洪调度方案采用相应的调度计算模型，各河段根据其特性及所掌握数据资料采用相应的洪水演算方法，逐时段地进行防洪调度计算[53]。

以湘江老埠头（冷水滩）、衡阳、衡山（二）、湘潭水文站流量过程作为防洪效果评估的依据，对上游水库群的联合防洪调度决策进行反馈，如有需要，修改相应干支流控制性水库洪水拦蓄时机和速率等，再次逐时段进行防洪调度计算。

模型涉及的支流水库主要包括涔天河、双牌、欧阳海、东江、水府庙 5 座大型控制性水库，干流电站为冷水滩（潇湘）、浯溪、湘祁、株航、土谷塘、大源渡、长沙枢纽等。湘江流域水库群防洪优化调度模型拓扑结构如图 4-1 所示。

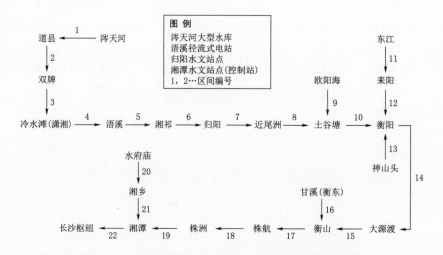

图 4-1 湘江流域水库群防洪优化调度模型拓扑结构图

4.1.1.2 目标函数

采用最大削峰准则构建目标函数,优化涔天河、双牌、欧阳海、东江、水府庙等 5 座大型水库出库流量过程,使得下游防洪控制点(湘潭站)的最大流量最小,以此实现防洪效益的最大化。湘潭站流量组成包括各水库下泄流量经马斯京根法演算至湘潭站的流量、各水库至湘潭站的区间预报流量。防洪调度目标函数为

$$\min q^*_{\max} \Leftrightarrow \min \left\{ \sum_{t=1}^{T} \left[Q_w(t) \right]^2 \right\} \tag{4-1}$$

式中:$q^*_{\max}$ 为湘潭站的最大流量,m^3/s;$Q_w(t)$ 为 t 时段湘潭站平均流量,m^3/s;T 为调度时段总数。

4.1.1.3 约束条件

(1)水量平衡约束为

$$V(t+1) = V(t) + \left(\frac{Q_{in}(t) + Q_{in}(t+1)}{2} - \frac{Q_{out}(t) + Q_{out}(t+1)}{2} \right) \Delta t \tag{4-2}$$

(2)水库库容约束为

$$V_{\min} \leqslant V(t) \leqslant V_{\max} \tag{4-3}$$

(3)水库泄流能力约束为

$$Q_{out}(t) \leqslant Q_{\max}(Z(t)) \tag{4-4}$$

(4)泄量变幅约束为

$$\left| Q_{out}(t) - Q_{out}(t-1) \right| \leqslant \Delta q \tag{4-5}$$

(5)边界条件约束为

$$V(0) = V_b, V(T) = V_e \tag{4-6}$$

(6)马斯京根流量演算约束为

$$Q_{k+1}(t) = C_0^k Q_{k-1}(t) + C_1^k Q_{k-1}(t-1) + C_2^k Q_k(t-1) + Q_q^k(t) \tag{4-7}$$

式中:$Q_{in}(t)$ 和 $Q_{out}(t)$ 为 t 时刻水库的入库和下泄流量;Δt 为计算时段长度;$V(t)$ 为

t 时刻水库的库容；V_{min} 和 V_{max} 为 t 时刻水库的最小和最大允许库容；$Z(t)$ 和 $Q_{max}(Z(t))$ 分别为 t 时刻水库的水位和该水位对应的下泄能力；Δq 为水库出库流量的最大变幅；V_b 和 V_e 分别为水库调度期初起调水位对应的库容和调度期末应回落到的水位对应的库容；$Q_{k-1}(t)$ 和 $Q_{k+1}(t)$ 为第 k 个马斯京根法演算河段上、下断面第 t 时段的平均流量；$Q_q^k(t)$ 为第 k 个马斯京根法演算河段的区间入流；C_0^k 和 C_1^k 和 C_2^k 为第 k 个马斯京根法演算河段的演算参数。

水量平衡约束、水库泄流能力约束是优化计算必须满足的约束条件[54]，而实际运用中，流域防洪系统各要素间补偿关系往往比较复杂，传统优化模型难以考虑实际应用要求，多约束难以同时满足，因此对以上约束进行如下优先级排序：

（1）最高最低水位约束。该约束考虑到大坝安全以及回蓄要求，优先级最高。

（2）最大最小出库约束。该约束保证水库下游安全以及满足发电、灌溉、通航等其他要求。

（3）泄流变幅约束。当水库进入洪水调度期，相邻时段泄流的差值应该控制在一定范围内，保证水库下游安全。

（4）泄流波动限制约束。考虑到水库下游防洪安全以及调度方案的可操作性，应尽可能保证泄流状态持续相等或增加或减小，避免下泄流量的频繁波动。

（5）末水位控制约束。末水位一般控制在汛限水位，若预报后期仍有较大的洪水，目标水位可控制在汛限水位以下。该约束的破坏程度控制在目标值的上下限范围内，依赖于决策者的可接受范围。

4.1.1.4　求解方法

求解湘江流域水库群优化调度模型，充分吸取逐步优化（Progressive Optimality Algorithm，POA）算法和逐次逼近（Successive Approximation Methods of Dynamic Programming，DPSA）算法的优点，提出逐步优化-逐次逼近（POA-DPSA）算法，相当于分别在空间上（每次只计算1个水库）、时间上（计算单个水库时分为多个二阶段问题逐步求解）降低了维数。该算法可大大节省计算机存贮量和计算时间，但不能确保收敛到全局最优解。为了提高算法寻求全局最优解的可能性，可从不同初始轨迹开始寻优，选取最好的作为最终计算结果。

1. POA算法

POA算法是基于贝尔曼最优化原理的一个推论，即在多阶段的动态决策问题中每项决策集合相对于初始值和终止值都是最优的[55-56]。该算法可收敛到全局最优解，所需计算机内存小并可有效缓解多阶段动态规划中的"维数灾"。根据该原理，可将具有 N 个阶段的 m 维问题分解为 $N-1$ 个子问题，每个问题维数不变，但只包含相邻2个阶段，通过寻求各个二阶段问题的最优解，以逐渐覆盖原问题的各个阶段，完成一次迭代计算；通过多次迭代，最终可输出计算结果。为了寻求各二阶段问题的最优解，可采用目前较为成熟且广泛使用的有约束非线性函数求极值的复形调优算法。POA算法求解水库调度模型的流程如图4-2所示，具体计算步骤如下[56]：

（1）确定初始轨迹。寻优迭代次数 $k=0$，给定水库 n 的初始库容序列 $\{V_n^k(t)\}$，并得到初始出库流量序列 $\{Q_{out,n}^k(t)\}$。

（2）求解出库流量。当 $t=1$ 时，固定状态 $V_n^k(t-1)$ 和 $V_n^k(t+1)$，改变 $V_n^k(t)$ 变量的值，用水量平衡方程计算 t 和 $t+1$ 两个时段水库 n 出库流量 $Q_{out,n}^k(t)$ 和 $Q_{out,n}^k(t+1)$。

（3）利用马斯京根法将 t 到 $t+s$（s 为其他时段出流不变而随着 t 时段水库 n 出流的改变下游控制站流量变化较大的时段数）阶段的出库流量演算到下游控制站，得到控制站 t 到 $t+s$ 阶段流量过程。

（4）利用复形调优法，以 t 到 $t+s$ 阶段控制站最大流量最小为目标，$V_n^k(t)$ 为 n 维自变量，得到满足目标函数的最优解 $V_n^{*k}(t)$，并令 $V_n^k(t)=V_n^{*k}(t)$。

（5）$t=t+1$，重复步骤（2）～（4），直到 $t=t-1$ 为止，得到状态序列 $\{V_n^{*k}(t)\}$。

（6）将新的序列 $\{V_n^{*k}(t)\}$ 记为 $\{V_n^{k+1}(t)\}$，比较 2 个轨迹的接近程度。若满足精度，即 $|E(V_n^{k+1}(t))-E(V_n^{*k}(t))|\leqslant\varepsilon$ 成立，则转向步骤（7）；反之，令 $k=k+1$ 以 $\{V_n^{k+1}(t)\}$ 为新的初始轨迹重复步骤（2）～（6）。

（7）$\{V_n^{k+1}(t)\}$ 为所求的结果，输出最优结果。

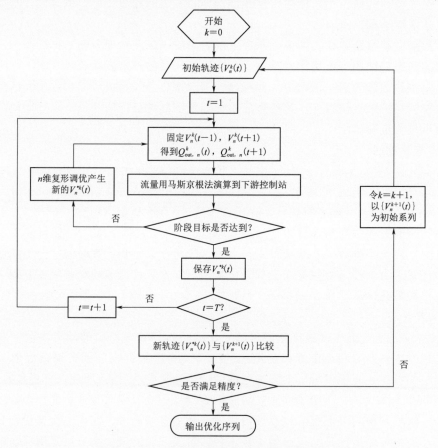

图 4-2　POA 算法求解水库调度模型的流程图

2. 复形调优法

复形调优法（Complex Method），也称复合法，是解决等式和非等式约束条件下的非线性优化问题的有效方法之一，属直接法[57]，在结构优化设计中应用较多。复形调优法的基本思想来自于单纯形法，这个方法是在 n 维受非线性约束的设计空间内，由 $k>n+1$ 个顶点（当 n 较小时可以取 $k=2n$ 或 $k=n^2$；当 n 较大时可取 $k=n+2$）构成多面体，称为复形。对复形的各顶点函数值逐一进行比较，不断丢掉函数值最劣的顶点，代入满足约束条件且函数值有所改善的新顶点，如此重复，逐步逼近最优点为止。复形调优法由于不必保持规则的图形，较之单纯形法更为灵活。另外，由于其在探求最优解的过程中检查了整个可行区域，因此所求结果可靠，收敛快，且能有效地处理不等式的约束问题。

复形调优法的数学模型如下：

（1）设计变量为

$$\{X\} = [x_1, x_2, \cdots, x_n]^T \tag{4-8}$$

（2）目标函数为

$$J = f(x_1, x_2, \cdots, x_n) \tag{4-9}$$

（3）函数约束为

$$C_j(\{X\}) \leqslant g_j(\{X\}) \leqslant D_j(\{X\}) \tag{4-10}$$

（4）常量约束为

$$a_i \leqslant x_i \leqslant b_i \tag{4-11}$$

式中：$j=1, 2, \cdots, m$，m 为函数约束的个数；$i=1, 2, \cdots, n$，n 为常数约束的个数；$C_j(\{X\})$ 和 $D_j(\{X\})$ 为变量向量函数 $g_j(\{X\})$ 的上、下限，同样是向量 X 的函数；a_i 和 b_i 为设计变量 x_i 的上、下界。

复形调优法的主要计算步骤如下[57]：

（1）确定目标函数和约束条件。根据函数约束和常量约束条件，给出一个满足条件的设计变量 $\{X\}$ 作为初始复形的第一个顶点。

（2）随机产生其余复形点，检查是否在可行域内。如果不满足约束条件则以一定的规则将复形点进行调整，直到所有的复形点都在可行域内，找出复形的所有顶点。

（3）确定最坏点 $\{X\}^H$ 及上限点。

（4）计算最坏点的反射点 $\{X\}^R$，并检查是否在可行域内，如果不在则按一定规则调整。

（5）计算反射点和最坏点的函数值并比较大小，确定一个新的顶点来代替最坏点 $\{X\}^H$ 构成新复形，直到满足约束条件 $\{X\}^R = \{X\}^H$，$f(\{X\}^R) = f(\{X\}^H)$。

（6）重复步骤（3）～（5），直到复形中各个顶点距离小于给定精度为止。

3. POA-DPSA 算法介绍

DPSA 算法采用逐次迭代逼近的思想，将一个多维问题分解为多个一维问题求解[58]。采用 DPSA 算法求解时，先假定其他水库运行状态不变，每次仅对一个水库进行 DPSA 求解，然后更新该水库的运行状态及径流信息，这样依次对每个水库进行寻优，不断更新各个水库的最优调度策略，直至目标函数不能继续改进为止，所得的最终调度策略即为通过 DPSA 算法求得的最优策略。

在求解四水流域水库群联合优化调度模型中，充分吸取 POA 算法和 DPSA 算法的优点，提出 POA-DPSA 算法。由于 POA-DPSA 算法是一种改进的 DPSA 算法，在利用 DPSA 算法分别对每个水库进行优化的计算中引入 POA 算法，有效地解决了每一次计算中的多决策变量问题，相当于分别在空间上（每次只计算一个水库）、时间上（计算单个水库时分为多个二阶段问题逐步求解）降低了维数[58]。该算法可大大节省计算机存储量和计算时间，然而其不能确保收敛到全局最优解。为了提高算法寻求全局最优解的可能性，可从不同初始轨迹开始寻优，选取最好的作为最终计算结果。

POA-DPSA 算法求解水库优化调度模型的流程如图 4-3 所示，具体计算步骤如下[59]：

（1）输入各水库的参数、入库流量资料以及边界条件，对各水库在调度时期各时刻的库容（水位）设定初始轨迹。

（2）选取某水库作为待优化变量，固定其他水库状态，以下游控制站削峰最大为目标，采用 POA 算法计算，得到该水库的改善轨迹，替代原轨迹。

（3）选取其他水库作为待优化变量，重复步骤（2），直到满足终止条件为止，输出计算结果。

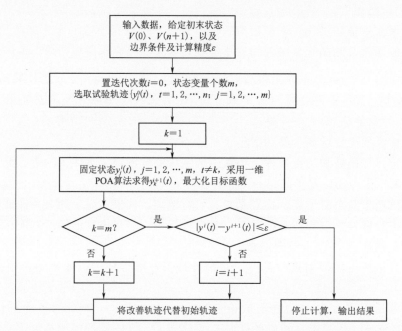

图 4-3　POA-DPSA 算法求解水库优化调度模型的流程图

4.1.1.5　模型合理性验证

为了验证构建的水库群防洪优化调度模型的合理性，将典型年湘潭站实际流量与模型模拟流量进行对比分析，通过采用 2017 年涔天河—湘潭的实际洪水进行验证。2017 年典型洪水湘潭站实际流量与模拟流量对比如图 4-4 所示。

由图 4-4 可知，从湘潭站流量来看，2017 年典型年，实际流量最大值为 19900$\mathrm{m^3/s}$，模拟流量最大值为 20570$\mathrm{m^3/s}$，模拟流量最大值比实际大 670$\mathrm{m^3/s}$，仅超过实际 3.37%。从各时刻流量过程看，模拟流量相较实际流量大多相差在 8% 以内。

综上所述，典型洪水验证产生误差的主要因素是马斯京根法演算参数、区间洪水计算等，但总体看来，该模型具有较高的精度。

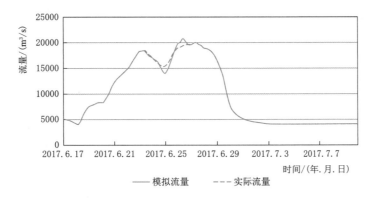

图 4-4 2017 年典型洪水湘潭站实际流量与模拟流量对比图

4.1.2 资水流域水库群防洪调度模型

4.1.2.1 问题描述

资水流域水库群防洪优化调度模型旨在研究资水流域柘桃段的水库群防洪调度问题，以下游控制断面桃江站削峰量最大为目标准则，在保障柘溪水库坝前最高水位低于防洪高水位的基础上，优化柘溪水库出库流量过程（调度时段为 3h），使下游防洪控制点桃江站的最大流量最小，以此实现防洪效益的最大化。

最大削峰模型是水库防洪优化调度问题应用比较广泛的目标函数之一，其目标任务是充分发挥水库调蓄能力，削减洪峰流量，保证下游防护对象的安全。问题描述为：给定调度期内入库洪水过程以及区间洪水过程、水库起调水位及预期末水位，在考虑最大下泄流量、水电机组最大出力、生态基流等约束条件下，确定水库的洪水调度过程，使水库下游组合流量平方和最小。

根据流域洪水的传播特性，调度模型计算采取从上游到下游，从支流到干流的计算流程，各水库根据拟定的防洪调度方案采用相应的调度计算模型，各河段根据其特性及所掌握数据资料采用相应的洪水演算，逐时段地进行防洪调度计算。

通过桃江水文站流量过程作为防洪效果评估的依据，对上游水库群的联合防洪调度决策进行反馈，模型涉及的大型控制性水库主要为柘溪水库，干流电站为东坪、柱溪口、马迹塘、白竹洲和修山，资水流域水库群防洪调度模型拓扑结构如图 4-5 所示。

```
图 例
柘溪大型水库
东坪径流式电站
桃江水文站点(控制站)
1，2…区间编号
```

柘溪 →(1) 东坪 →(2) 柱溪口 →(3) 马迹塘 →(4) 白竹洲 →(5) 修山 →(6) 桃江

图 4-5 资水流域水库群防洪调度模型拓扑结构图

4.1.2.2 目标函数

采用最大削峰准则构建目标函数，优化柘溪水库出库流量过程，使得下游防洪控制点（桃江站）的最大流量最小，以此实现防洪效益的最大化。桃江站流量组成包括柘

溪水库下泄流量经马斯京根法演算至桃江站的流量、柘桃区间预报流量。防洪调度目标函数为

$$\min q_{max}^{*} \Leftrightarrow \min \left\{ \sum_{t=1}^{T} \left[Q_w(t) \right]^2 \right\} \qquad (4-12)$$

式中：q_{max}^{*} 为桃江站的最大流量，m^3/s；$Q_w(t)$ 为 t 时段桃江站平均流量，m^3/s；T 为调度时段总数。

4.1.2.3 约束条件

同 4.1.1.3 节。

4.1.2.4 求解方法

同 4.1.1.4 节。

4.1.2.5 模型合理性验证

为了验证构建的水库群防洪优化调度模型的合理性，将典型年桃江站实际流量与模型模拟流量对比分析，本研究采用 1998 年柘溪—桃江的实际洪水进行验证。1998 年典型洪水桃江站实际流量与模拟流量对比如图 4-6 所示。

图 4-6 1998 年典型洪水桃江站实际流量与模拟流量对比图

由图 4-6 可知，从桃江站流量来看，1998 年典型年实际流量最大值为 6450m^3/s，模拟流量最大值为 6400m^3/s，模拟流量最大值比实际小 50m^3/s，仅低于实际 0.78%。从各时刻流量过程看，模拟流量相较实际流量大多相差在 5% 以内。

综上所述，典型洪水验证产生误差的主要因素是马斯京根法演算参数、区间洪水计算等，但总体看来，该模型具有较高的精度。

4.1.3 沅江流域水库群防洪调度模型

4.1.3.1 问题描述

沅江流域水库群防洪优化调度模型旨在研究沅江流域的水库防洪调度问题，沅江干流托口水库以下分为托口—安江河段、安江—浦市河段、浦市—桃源河段。以下游控制断面桃源站削峰量最大为目标准则，在保障各水库坝前最高水位低于防洪高水位的基础上，优化各水库出库流量过程（调度时段为 3h），使下游防洪控制点桃源站的最大流量最小，以此实现防洪效益的最大化。

最大削峰模型是水库防洪优化调度问题应用比较广泛的目标函数之一，其目标任务是

充分发挥水库调蓄能力,削减洪峰流量,保证下游防护对象的安全。问题描述为:给定调度期内入库洪水过程以及区间洪水过程、水库起调水位及预期末水位,在考虑最大下泄流量、水电机组最大出力、生态基流等约束条件下,确定水库的洪水调度过程,使水库下游组合流量平方和最小。

根据流域洪水的传播特性,调度模型计算采取从上游到下游,从支流到干流的计算流程,各水库根据拟定的防洪调度方案采用相应的调度计算模型,各河段根据其特性及所掌握数据资料采用相应的洪水演算,逐时段地进行防洪调度计算。

通过安江、浦市、桃源水文站流量过程作为防洪效果评估的依据,对上游水库群的联合防洪调度决策进行反馈,如有需要,修改相应干支流控制性水库洪水拦蓄时机和速率等,再次逐时段进行防洪调度计算。模型涉及的大型控制性水库主要包括托口、凤滩和五强溪,沅江流域水库群防洪调度模型拓扑结构如图 4-7 所示。

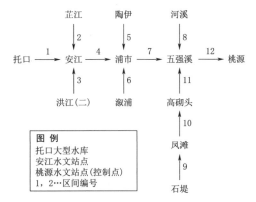

图 4-7　沅江流域水库群防洪调度模型拓扑结构图

4.1.3.2　目标函数

采用最大削峰准则为目标函数,优化托口、凤滩和五强溪等 3 座大型水库出库流量过程,使得下游防洪控制点(桃源站)的最大流量最小,以此实现防洪效益的最大化。桃源站流量组成包括各水库下泄流量经马斯京根法演算至桃源站的流量、各水库至桃源站的区间预报流量。防洪调度目标函数为

$$\min q_{\max}^* \Longleftrightarrow \min \left\{ \sum_{t=1}^{T} \left[Q_{\mathrm{w}}(t) \right]^2 \right\} \qquad (4-13)$$

式中:$q_{\max}^*$ 为桃源站的最大流量,m^3/s;$Q_{\mathrm{w}}(t)$ 为 t 时段桃源站平均流量,m^3/s;T 为调度时段总数。

4.1.3.3　约束条件

同 4.1.1.3 节。

4.1.3.4　求解方法

同 4.1.1.4 节。

4.1.3.5　模型合理性验证

为了验证构建的水库群防洪优化调度模型的合理性,将典型年桃源站实际流量与模型模拟流量进行对比分析,通过采用 2017 年托口—桃源的实际洪水进行验证。2017 年典型洪水桃源站实际流量与模拟流量对比如图 4-8 所示。

由图 4-8 可知,从桃源站流量来看,2017 年典型年实际流量最大值为 22000m^3/s,模拟流量最大值为 22310m^3/s,模拟流量最大值比实际大 310m^3/s,仅超过实际 1.41%。从各时刻流量过程看,模拟流量相较实际流量大多相差在 10% 以内。

综上所述,典型洪水验证产生误差的主要因素是马斯京根法演算参数、区间洪水计算等,但总体看来,该模型具有较高的精度。

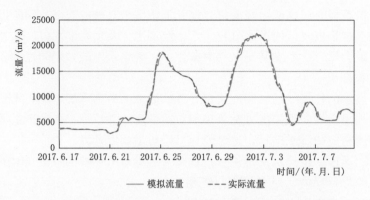

图 4-8　2017 年典型洪水桃源站实际流量与模拟流量对比图

4.1.4　澧水流域水库群防洪调度模型

4.1.4.1　问题描述

澧水流域水库群防洪优化调度模型旨在研究澧水流域的水库群防洪调度问题，以下游控制面石门站最大削峰量最大为目标准则，在保障各水库坝前最高水位低于防洪高水位的基础上，优化各水库出库过程（调度时段为 3h），使石门控制断面最大流量最小，以此实现防洪效益的最大化。

最大削峰模型是水库防洪优化调度问题应用比较广泛的目标函数之一，其目标任务是充分发挥水库调蓄能力，削减洪峰流量，保证下游防护对象的安全。问题描述为：给定调度期内入库洪水过程以及区间洪水过程、水库起调水位及预期末水位，在考虑最大下泄流量、水电机组最大出力、生态基流等约束条件下，确定水库的洪水调度过程，使水库下游组合流量平方和最小。

根据流域洪水的传播特性，调度模型计算采取从上游到下游，从支流到干流的计算流程，各水库根据拟定的防洪调度方案采用相应的调度计算模型，各河段根据其特性及所掌握数据资料采用相应的洪水演算，逐时段地进行防洪调度计算。

澧水流域主要防洪对象均位于干流上，但流域内 2 个重要防洪水库江垭、皂市水库均位于支流上，宜通过支流水库与干流错峰调度为下游防洪提供保障。模型涉及的大型控制性水库主要包括江垭和皂市，澧水流域水库群防洪调度模型拓扑结构如图 4-9 所示。

4.1.4.2　目标函数

采用最大削峰准则为目标函数，优化江垭、皂市 2 座大型水库出库流量过程，使得下游防洪控制点（石门站）的最大流量最小，以此实现防洪效益的最大化。石门站流量组成包括各水库下泄流量经马斯京根法演算至石门站的流量、各水库至石门站的区间预报流量。防洪调度目标函数为

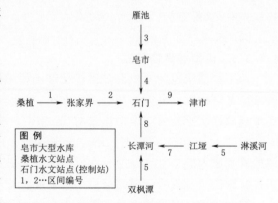

图 4-9　澧水流域水库群防洪调度模型拓扑结构图

$$\min q_{\max}^* \Leftrightarrow \min\left\{\sum_{t=1}^{T}\left[Q_{\mathrm{w}}(t)\right]^2\right\} \tag{4-14}$$

式中：$q_{\max}^*$ 为石门站的最大流量，$\mathrm{m^3/s}$；$Q_{\mathrm{w}}(t)$ 为 t 时段石门站平均流量，$\mathrm{m^3/s}$；T 为调度时段总数。

4.1.4.3　约束条件

同 4.1.1.3 节。

4.1.4.4　求解方法

同 4.1.1.4 节。

4.1.4.5　模型合理性验证

为了验证构建的水库群防洪优化调度模型的合理性，将典型年石门站实际流量与模型模拟流量进行对比分析，通过采用 2017 年桑植—石门的实际洪水进行验证。2017 年典型洪水石门站实际流量与模拟流量对比如图 4-10 所示。

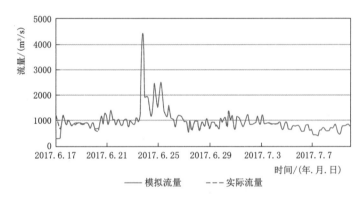

图 4-10　2017 年典型洪水石门站实际流量与模拟流量对比图

由图 4-10 可知，从石门站流量来看，2017 年典型年实际流量最大值为 $4360\mathrm{m^3/s}$，模拟流量最大值为 $4400\mathrm{m^3/s}$，模拟流量最大值比实际大 $40\mathrm{m^3/s}$，仅超过实际 0.92%。从各时刻流量过程看，模拟流量相较实际流量大多相差在 10% 以内。

综上所述，典型洪水验证产生误差的主要因素是马斯京根法演算参数、区间洪水计算等，但总体看来，该模型具有较高的精度。

4.1.5　四水流域水库群联合防洪调度模型

4.1.5.1　问题描述

四水流域水库群联合防洪优化调度模型旨在研究四水流域水库防洪调度问题，以四水洪水流入洞庭湖削峰量最大为目标准则，兼顾湘、资、沅、澧四水流域控制点洪峰流量，在保障流域 11 座大型水库坝前最高水位低于防洪高水位的基础上，优化大型水库出库过程（调度时段为 3h），使控制断面最大流量最小，以此实现防洪效益的最大化。

模型涉及的大型控制性水库总共 11 座，包括：湘江流域的涔天河、双牌、欧阳海、东江、水府庙水库；资水流域的柘溪水库；沅江流域的托口、凤滩、五强溪水库；澧水流域的江垭、皂市水库。四水流域水库群联合防洪调度模型拓扑结构如图 4-11 所示。

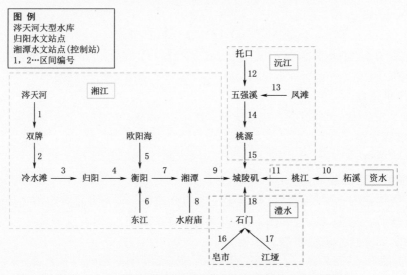

图 4 - 11　四水流域水库群联合防洪调度模型拓扑结构图

4.1.5.2　目标函数

采用最大削峰准则构建目标函数，分别优化各流域出库流量过程，使得四水汇流至洞庭湖的最大流量最小，以此实现防洪效益的最大化。四水流入洞庭湖流量组成包括各流域控制站流量经马斯京根法演算至洞庭湖的流量（各流域控制站流量采用湘、资、沅、澧四水流域水库群防洪调度模型优化计算）、各流域控制站到洞庭湖区间预报流量。防洪调度目标函数为

$$\min q_{\max}^{*} \Leftrightarrow \min\left\{\sum_{t=1}^{T}\left[Q_{w}(t)\right]^{2}\right\} \tag{4-15}$$

式中：$q_{\max}^{*}$ 为四水汇流至洞庭湖的最大流量，m^3/s；$Q_{w}(t)$ 为 t 时段四水控制站流量演算至洞庭湖平均流量，m^3/s；T 为调度时段总数。

4.1.5.3　约束条件

同 4.1.1.3 节。

4.1.5.4　求解方法

同 4.1.1.4 节。

4.1.5.5　河道洪水演进方法

研究洪水波沿河道传播演变的计算方法，目的是根据上游干支流出现的洪水过程及区间来水，计算下游某断面的洪峰流量及洪水过程，为下游洪水预报及防洪提供依据。本书采用 3 种河道洪水演进方法，即平移法、马斯京根法和水动力学模型，其中以马斯京根法为主。平移法结合解析法用于推求初始可行解；马斯京根法运用于优化模型中水库出库流量到控制站的洪水演进；水动力学模型用于出库过程的洪水演进，与马斯京根法相互比较验证[60-62]。

1. 平移法

平移法假定洪水传播无展开和变形。在马斯京根法演算中 $\Delta t \approx K$，可根据给定的蓄泄系数 K，确定控制站点之间的流量传播时间，取下断面后 Δt 时段的流量与上断面时段流量之差可计算 Δt 时段后的区间流量。平移法区间流量计算示意如图 4 - 12 所示，演算方程为

$$Q_2(t+\Delta t)=Q_{qj}(t+\Delta t)+Q_1(t) \quad t=\Delta t-1,\Delta t,\cdots,T-\Delta t \tag{4-16}$$

$$Q_{qj}(t)=Q_2(t) \quad t=1,2,\cdots,\Delta t \tag{4-17}$$

式中：$Q_2(t)$ 为 t 时刻下断面的流量，$\mathrm{m^3/s}$；$Q_1(t)$ 为 t 时刻上断面的流量，$\mathrm{m^3/s}$；$Q_{qj}(t)$ 为 t 时刻上下断面间的区间入流，$\mathrm{m^3/s}$；Δt 为洪水传播时间。

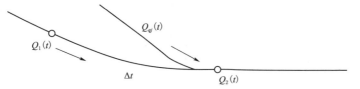

图 4-12　平移法区间流量计算示意图

2. 马斯京根法

本次研究洪水演进主要采用马斯京根法。天然河道里的洪水波运动属于不稳定流，其水力要素随时间、空间而变化，洪水波的演进与变形可用圣维南方程组描述，即

$$\frac{\partial A}{\partial t}+\frac{\partial Q}{\partial L}=0 \tag{4-18}$$

$$-\frac{\partial Z}{\partial L}=S_f+\frac{1}{g}\frac{\partial v}{\partial t}+\frac{v}{g}\frac{\partial v}{\partial L} \tag{4-19}$$

式中：A 为过水断面面积，$\mathrm{m^2}$；Q 为过水断面流量，$\mathrm{m^3/s}$；L 为沿河道的距离，m；Z 为水位，m；v 为断面平均流速，$\mathrm{m/s}$；g 为重力加速度，$\mathrm{m/s^2}$；S_f 为摩阻比降，用曼宁公式计算，通常表示为 Q_2/K_2，K_2 为流量模数。

圣维南方程组求解过程较为繁琐，水文上采用的流量演算法是把连续方程简化为河段水量平衡方程，把动力方程简化为槽蓄方程，然后联立求解，可得到马斯京根法演算方程，即

$$Q_{\mathrm{下},2}=C_0 Q_{\mathrm{上},2}+C_1 Q_{\mathrm{上},1}+C_2 Q_{\mathrm{下},1} \tag{4-20}$$

其中

$$\begin{cases} C_0=\dfrac{0.5\Delta t-Kx}{K-Kx+0.5\Delta t} \\[2mm] C_1=\dfrac{0.5\Delta t+Kx}{K-Kx+0.5\Delta t} \\[2mm] C_2=\dfrac{K-Kx-0.5\Delta t}{K-Kx+0.5\Delta t} \end{cases} \tag{4-21}$$

式中：K 为稳定流情况下的河段传播时间；x 为流量比重因素；Δt 为演算时段长度；$Q_{\mathrm{上},1}$ 和 $Q_{\mathrm{上},2}$ 为演算河段上断面时段初、末时刻的流量；$Q_{\mathrm{下},1}$ 和 $Q_{\mathrm{下},2}$ 为演算河段下断面时段初、末时刻的流量。

K、x、Δt 为固定的参数，一般通过实测资料试算求解。

以资水流域为例，将柘溪水库—桃江站河段分为 $n(n=30)$ 个子河段，采用马斯京根法，取各子河段的演算参数 C_0、C_1、C_2 不变，计算各子河段汇流系数。假设零时刻预报河段上游断面有一单位入流量，其余时刻入流量为 0，即入流过程为三角形，推求第 n 个单元河段出流过程为

$$P_{0,n} = C_0^n \ (m = 0) \tag{4-22}$$

$$P_{m,n} = \sum_{i=1}^{n} B_i C_0^{n-1} C_2^{m-i} A_i \ (m > 0, m - i \geqslant 0) \tag{4-23}$$

$$A = C_1 + C_0 C_2 \tag{4-24}$$

$$B_i = \frac{n! \ (m-1)!}{i! \ (i-1)! \ (n-1)! \ (m-1)!} \tag{4-25}$$

4.2　流域典型洪水联合防洪调度效果研究

4.2.1　典型年选取

典型年根据湘、资、沅、澧四水流域控制站的实测洪水资料进行选取。典型年选取的原则主要是：选择资料详实、精度较高、洪水来自不同地区、峰量较大、对流域的防洪比较不利的实测洪水过程为典型洪水。研究选取 1998 年、2017 年 2 场典型洪水进行调洪演算，四水流域控制站典型洪水实测流量过程示意如图 4-13 所示，时间尺度为 3h。

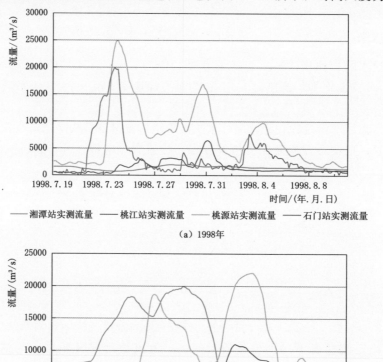

图 4-13　四水流域控制站典型洪水实测流量过程

(1) 1998 年四水流域洪水发生时间为 5 月 20 日—8 月 10 日。其中：湘江流域发生两场洪水，时间分别为 5 月 22—31 日和 6 月 20 日—7 月 4 日；资、沅、澧三个流域洪水发生时间近似，分别为 6 月 12 日—7 月 12 日和 7 月 19 日—8 月 10 日。由于 1998 年接连发生两场较大洪水，第二场次洪水来临时水库预留防洪库容更小更难调控，也就更需要进行防洪优化调度的研究，因此研究选取最不利的情况，选择调度时段为 7 月 19 日—8 月 10 日，此时段湘江流域没有发生洪水，资水流域桃江水文站实测洪峰流量为 6450m³/s，沅江流域桃源水文站实测洪峰流量为 24850m³/s，澧水流域石门水文站实测洪峰流量为 19900m³/s。

(2) 2017 年四水流域洪水发生时间为 6 月 17 日—7 月 9 日，典型洪水为双峰洪水。其中：湘江流域洪水发生时间为 6 月 17 日—7 月 2 日，湘潭水文站实测洪峰流量为 19900m³/s；资水和沅江流域洪水发生时间为 6 月 23 日—7 月 9 日，桃江水文站实测洪峰流量为 11600m³/s，桃源水文站实测洪峰流量为 23200m³/s；澧水流域洪水发生时间为 6 月 23—26 日，洪水量级较小，石门水文站实测洪峰流量为 4400m³/s。

4.2.2　湘江流域水库群防洪优化调度结果及分析

湘江流域水库群防洪优化调度研究的典型年为 2017 年，该典型年洪水发生时间为 6 月 17 日—7 月 2 日，湘潭水文站实测洪峰流量 19900m³/s，基本与湘江尾闾河道 20000m³/s 的安全泄量持平。

为了比较优化调度与实际调度中水库群对控制站洪峰削减的程度，分别模拟计算得到了湘江流域水库群实际调度和优化调度结果，结果对比见表 4-1。实际调度是将各水库实际出入库资料输入到模型，结果如图 4-14 所示；优化调度首先给定各水库水位的初始轨迹，设定起调水位为汛限水位，然后通过预泄在洪峰来临前降低水库水位，采用确定性优化算法优化初始轨迹，最终得到各水库最优的调度结果，结果如图 4-15 所示。

表 4-1　　　　　2017 年湘江流域水库群实际调度和优化调度结果对比

水库 （水文站）	双牌水库				欧阳海水库			
参数	入库 洪峰流量 /(m³/s)	出库 洪峰流量 /(m³/s)	最高水位 /m	削峰率 /%	入库 洪峰流量 /(m³/s)	出库 洪峰流量 /(m³/s)	最高水位 /m	削峰率 /%
实际调度	4100	4720	169.59	−15.1	1480	1260	129.56	14.9
优化调度	4024	3978	170.19	1.1	1480	1381	129.77	6.7
对比	−76	−742	0.60	16.2	0	121	0.21	−8.2

水库 （水文站）	水府庙水库				湘潭水文站			
参数	入库 洪峰流量 /(m³/s)	出库 洪峰流量 /(m³/s)	最高水位 /m	削峰率 /%	平均流量 /(m³/s)	调度前 洪峰流量 /(m³/s)	调度后 洪峰流量 /(m³/s)	削峰率 /%
实际调度	5360	3860	93.57	28	12453	19900	19900	0.0
优化调度	5360	3224	96.03	39.8	12244	19900	19810	0.5
对比	0	−636	2.46	11.8	−209	0	−90	0.5

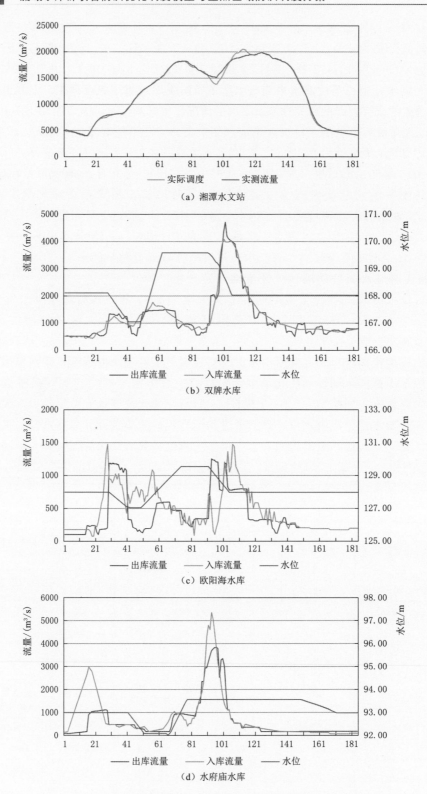

图 4-14 2017 年湘江流域水库群实际调度结果图（时段间隔 3h）

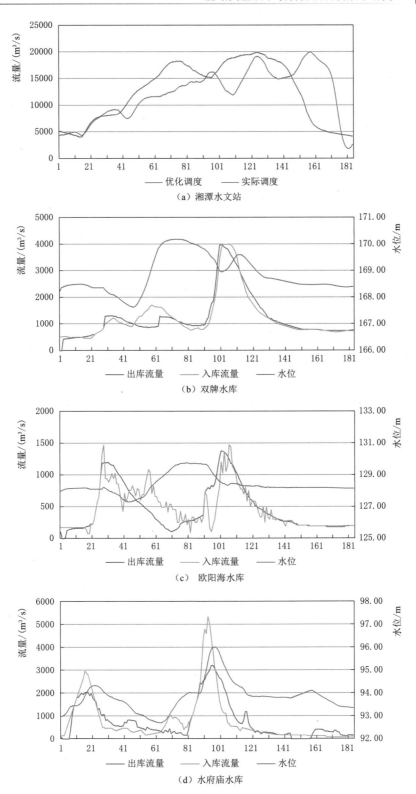

（a）湘潭水文站

（b）双牌水库

（c）欧阳海水库

（d）水府庙水库

图 4-15　2017 年湘江流域水库群优化调度结果图（时段间隔 3h）

由表 4-1 可知，双牌水库的优化调度出库洪峰流量比实际调度减少 742m³/s，削峰率增加 16.2 个百分点；欧阳海水库的优化调度出库洪峰流量比实际调度增加 121m³/s，削峰率减少 8.2 个百分点；水府庙水库的优化调度出库洪峰流量比实际调度减少 636m³/s，削峰率增加 11.8 个百分点；湘潭水文站优化调度后洪峰流量比实际调度后减少 90m³/s，削峰率增加 0.5%。由此可见，湘江流域水库群防洪优化调度主要依靠双牌水库、水府庙水库的调节作用实现对流域下游控制站点的削峰。结果表明，在调度期末水位相同，即调度期动用等量防洪库容的情况下，优化调度出库洪峰流量小于实际调度，且优化调度最高水位低于实际调度最高水位。因此，相比于实际调度，优化调度既保障了下游防洪安全，也减轻了水库上游城镇农田的淹没损失，保证大坝能够安全下泄其设计标准的洪水，防洪效益更显著，具有合理性和优越性。

4.2.3 资水流域水库群防洪优化调度结果及分析

资水流域水库群防洪优化调度研究的典型年为 1998 年，该典型年洪水发生时间为 7 月 19 日—8 月 10 日，桃江水文站实测洪峰流量 6450m³/s，未超过资水尾闾河道 9400m³/s 的安全泄量。

为了比较优化调度与实际调度中水库群对洪峰削减的程度，分别模拟计算得到了资水流域水库群实际调度和优化调度结果，结果对比见表 4-2。实际调度是将各水库实际出入库资料输入到模型，结果如图 4-16 所示；优化调度首先给定各水库水位的初始轨迹，设定起调水位为汛限水位，然后通过预泄在洪峰来临前降低水库水位，采用确定性优化算法优化初始轨迹，最终得到各水库最优的调度结果，结果如图 4-17 所示。

表 4-2　　　　　　　　1998 年资水流域水库群实际调度和优化调度结果对比

水库 （水文站）	柘 溪 水 库				桃 江 站			
参数	入库洪峰流量 /(m³/s)	出库洪峰流量 /(m³/s)	最高水位 /m	削峰率 /%	平均流量流量 /(m³/s)	调度前 洪峰流量 /(m³/s)	调度后 洪峰流量 /(m³/s)	削峰率 /%
实际调度	5370	3474	168.23	35.3	1482	6450	6450	0.0
优化调度	5370	2314	167.23	56.9	1698	6450	5335	17.3
对比	0	−1160	−1.00	21.6	216	0	−1115	17.3

由表 4-2 可知，柘溪水库的优化调度出库洪峰流量比实际调度减少 1160m³/s，削峰率增加 21.6%；桃江站优化调度后洪峰流量比实际调度后减少 1115m³/s，削峰率增加 17.3%。由此可见，资水流域水库群防洪优化调度主要靠柘溪水库的调节作用实现对流域下游控制站点的削峰。结果表明，在调度期末水位相同，即调度期动用等量防洪库容的情况下，优化调度出库洪峰流量小于实际调度，且优化调度最高水位低于实际调度最高水位。因此，相比于实际调度，优化调度既保障了下游防洪安全，也减轻了水库上游城镇农田的淹没损失，保证大坝能够安全下泄其设计标准的洪水，防洪效益更显著，具有合理性和优越性。

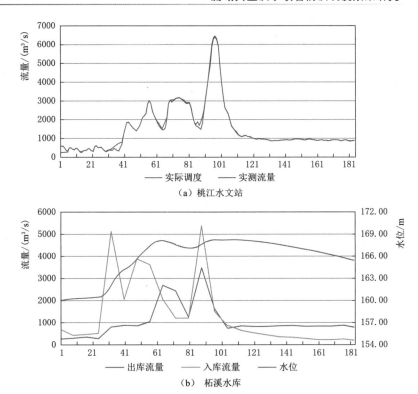

（a）桃江水文站

（b）柘溪水库

图 4-16　1998 年资水流域水库群实际调度结果图

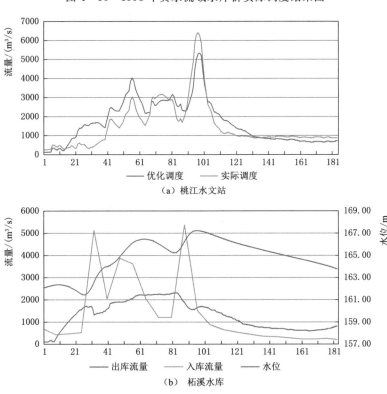

（a）桃江水文站

（b）柘溪水库

图 4-17　1998 年资水流域水库群优化调度结果图（时段间隔 3h）

4.2.4　沅江流域水库群防洪优化调度结果及分析

沅江流域水库群防洪优化调度研究的典型年选择 1998 年，该典型年洪水发生时间为 7 月 19 日—8 月 10 日，桃源水文站实际洪峰流量 24850m³/s，超过沅江干流尾闾河道 23000m³/s 的安全泄量。

为了比较优化调度与实际调度中水库群对洪峰削减的程度，分别模拟计算得到了沅江流域水库群实际调度和优化调度结果，结果对比见表 4-3。实际调度是将各水库实际出入库资料输入到模型，结果如图 4-18 所示；优化调度首先给定各水库水位的初始轨迹，设定起调水位为汛限水位，然后通过预泄在洪峰来临前降低水库水位，采用确定性优化算法优化初始轨迹，最终得到各水库最优的调度结果，结果如图 4-19 所示。

表 4-3　　　　　　　1998 年沅江流域水库群实际调度和优化调度结果对比

水库 （水文站）	托口水库				凤滩水库			
参数	入库 洪峰流量 /(m³/s)	出库 洪峰流量 /(m³/s)	最高水位 /m	削峰率 /%	入库 洪峰流量 /(m³/s)	出库 洪峰流量 /(m³/s)	最高水位 /m	削峰率 /%
实际调度	5990	5065	249.99	15.4	18963	18039	206.01	4.9
优化调度	5990	4145	249.31	30.8	18204	13174	205.00	27.6
对比	0	−920	−0.68	15.4	−759	−4865	−1.01	22.7

水库 （水文站）	五强溪水库				桃源水文站			
参数	入库 洪峰流量 /(m³/s)	出库 洪峰流量 /(m³/s)	最高水位 /m	削峰率 /%	平均流量 /(m³/s)	调度前 洪峰流量 /(m³/s)	调度后 洪峰流量 /(m³/s)	削峰率 /%
实际调度	33166	22133	108.37	33.3	7155	24850	24850	0.0
优化调度	28240	14702	107.54	47.9	7984	24850	18007	27.5
对比	−4926	−7431	−0.83	14.6	829	0	−6843	27.5

由表 4-3 可知，托口水库的优化调度出库洪峰流量比实际调度减少 920m³/s，削峰率增加 15.4 个百分点；凤滩水库的优化调度出库洪峰流量比实际调度减少 4865m³/s，削峰率增加 22.7 个百分点；五强溪水库的优化调度出库洪峰流量比实际调度减少 7431m³/s，削峰率增加 14.6 个百分点；桃源水文站优化调度后洪峰流量比实际调度后减少 6843m³/s，削峰率增加 27.5 个百分点。由此可见，沅江流域水库群防洪优化调度主要依靠托口水库、凤滩水库、五强溪水库的调节作用实现对流域下游控制站点的削峰。结果表明，在调度期末水位相同，即调度期动用等量防洪库容的情况下，优化调度出库洪峰流量小于实际调度，且优化调度最高水位低于实际调度。因此，相比于实际调度，优化调度既保障了下游防洪安全，又减轻了水库上游城镇农田的淹没损失，保证大坝能够安全下泄其设计标准的洪水，防洪效益更显著，具有合理性和优越性。

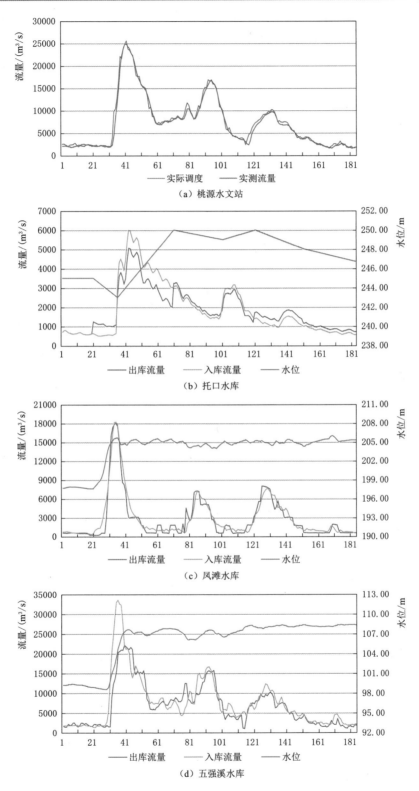

（a）桃源水文站

（b）托口水库

（c）凤滩水库

（d）五强溪水库

图 4-18　1998 年沅江流域水库群实际调度结果图

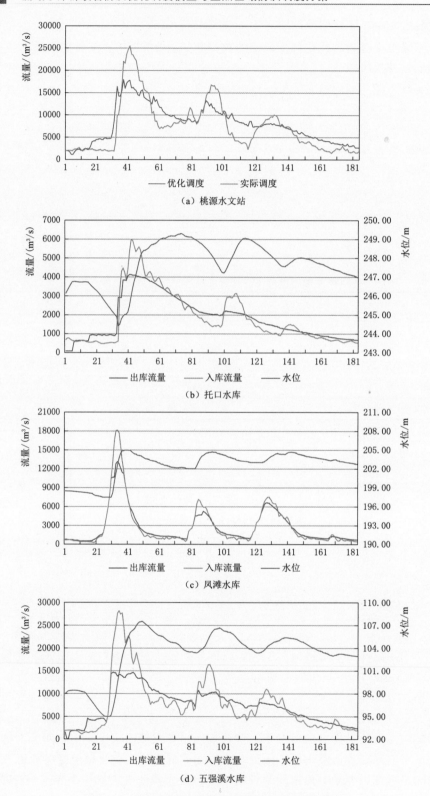

（a）桃源水文站

（b）托口水库

（c）凤滩水库

（d）五强溪水库

图 4-19 1998 年沅江流域水库群优化调度结果图

4.2.5　澧水流域水库群防洪优化调度结果及分析

澧水流域水库群防洪优化调度研究的典型年选择 1998 年，该典型年洪水发生时间为 7 月 19 日—8 月 10 日，石门水文站实际洪峰流量 19900m³/s，是该站历年实际最大洪峰，超过澧水流域下游尾闾河道 12000m³/s 的安全泄量。

1998 年澧水流域江垭、皂市 2 座大型水库尚未建库，由于本研究是为了探索现阶段四水流域的防洪能力，因此水库群防洪优化调度中也需将未建成水库考虑在内。为了比较优化调度与实际调度中水库群对洪峰削减的程度，分别模拟计算得到了澧水流域水库群实际调度和优化调度结果，结果对比见表 4-4。实际调度的模拟中，江垭水库入库流量数据采用长潭河水文站流量，皂市水库入库流量数据采用皂市水文站流量，水库的初始水位设置为汛限水位，结果如图 4-20 所示；优化调度首先给定各水库水位的初始轨迹，设定起调水位为汛限水位，然后通过预泄在洪峰来临前降低水库水位，采用确定性优化算法优化初始轨迹，最终得到各水库最优的调度结果，结果如图 4-21 所示。

表 4-4　　　　1998 年澧水流域水库群实际调度和优化调度结果对比

水库（水文站）	皂　市　水　库			
参数	入库洪峰流量/(m³/s)	出库洪峰流量/(m³/s)	最高水位/m	削峰率/%
实际调度	3422	1825	127.50	46.7
优化调度	3422	979	130.75	71.4
对比	0	−846	3.25	24.7
水库（水文站）	江　垭　水　库			
参数	入库洪峰流量/(m³/s)	出库洪峰流量/(m³/s)	最高水位/m	削峰率/%
实际调度	4873	1862	232.00	61.8
优化调度	4873	1288	234.06	73.6
对比	0	−574	2.06	11.8
水库（水文站）	石　门　水　文　站			
参数	平均流量/(m³/s)	调度前洪峰流量/(m³/s)	调度后洪峰流量/(m³/s)	削峰率/%
实际调度	3435	19900	16653	16.3
优化调度	3176	19900	15799	20.6
对比	−259	0	−854	4.3

由表 4-4 可知，皂市水库的优化调度出库洪峰流量比实际调度减少 846m³/s，削峰率增加 24.7 个百分点；江垭水库的优化调度出库洪峰流量比实际调度减少 574m³/s，削峰率增加 11.8 个百分点；石门水文站优化调度后洪峰流量比实际调度后减少 854m³/s，削峰率增加 4.3 个百分点。由此可见，澧水流域水库群防洪优化调度主要依靠皂市水库、江垭水库的调节作用实现对流域下游控制站点的削峰。结果表明，在调度期末水位相同，即调度期动用等量防洪库容的情况下，优化调度出库洪峰流量小于实际调度，且优化调度最高水位低于实际调度最高水位。因此，相比于实际调度，优化调度既保障了下游防洪安全，也减轻了水库上游城镇农田的淹没损失，保证大坝能够安全下泄其设计标准的洪水，防洪效益更显著，具有合理性和优越性。

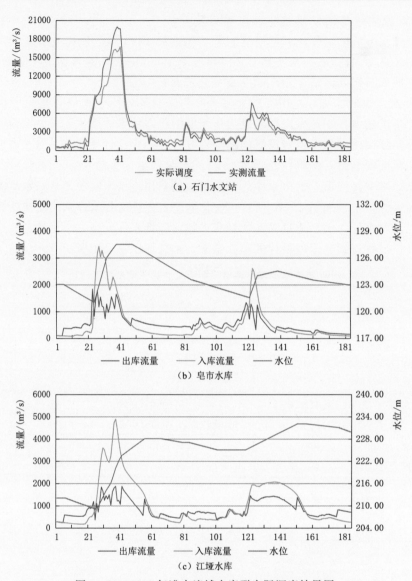

图 4 - 20　1998 年澧水流域水库群实际调度结果图

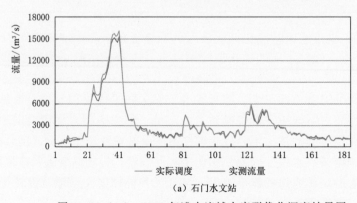

（a）石门水文站

图 4 - 21（一）　1998 年澧水流域水库群优化调度结果图

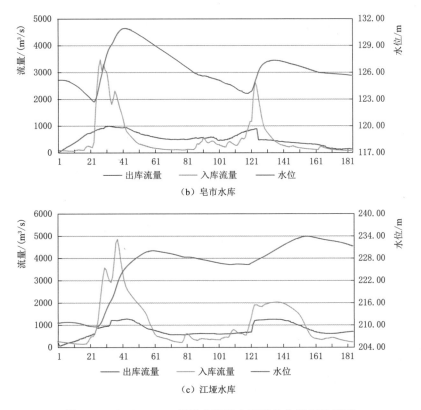

（b）皂市水库

（c）江垭水库

图 4-21（二）　1998 年澧水流域水库群优化调度结果图

4.2.6　四水流域水库群联合防洪调度结果及分析

四水流域水库群联合防洪调度研究的典型年选择 1998 年，选择调度时段为 7 月 19 日—8 月 10 日。此时段湘江流域没有发生洪水，资水流域桃江水文站实测洪峰流量为 6450m³/s，沅江流域桃源水文站实测洪峰流量为 24850m³/s，澧水流域石门水文站实测洪峰流量为 19900m³/s。

为了比较四水联合优化调度与单独优化调度对四水汇入洞庭湖洪峰削减的程度，分别模拟计算得到了四水流域水库群单独优化调度和联合优化调度的四水入湖流量结果，结果对比见表 4-5。四水实际调度是将四水控制站实测流量过程演算至洞庭湖，得到四水实际入湖流量过程，结果如图 4-22 所示；四水单独优化调度是分别以四水流域控制站最大流量最小为目标，经过河道演算，得到四水单独优化的入湖流量过程；四水联合优化调度是以四水汇入洞庭湖最大流量最小为目标，得到四水联合优化的入湖流量过程。四水水库群单独优化与联合优化调度结果对比如图 4-23 所示。

表 4-5　　　　1998 年四水流域水库群单独优化调度与联合优化调度结果对比

流域	参数	单独优化	联合优化	对比
湘江	调度前洪峰流量/(m³/s)	1950	1950	0
	调度后洪峰流量/(m³/s)	1950	1950	0
	削峰率/%	0	0	0

流域	参数	单独优化	联合优化	对比
资水	调度前洪峰流量/(m³/s)	5159	5159	0
	调度后洪峰流量/(m³/s)	4402	3633	−769
	削峰率/%	14.7	29.6	14.9
沅江	调度前洪峰流量/(m³/s)	21866	21866	0
	调度后洪峰流量/(m³/s)	17216	16467	−749
	削峰率/%	21.3	24.7	3.4
澧水	调度前洪峰流量/(m³/s)	13409	13409	0
	调度后洪峰流量/(m³/s)	12828	12779	−49
	削峰率/%	4.3	4.7	0.4
四水总和	调度前洪峰流量/(m³/s)	38288	38288	0
	调度后洪峰流量/(m³/s)	33907	32201	−1706
	削峰率/%	11.4	15.9	4.5

由表 4 - 5 可知，四水流域水库群的联合优化调度汇入洞庭湖洪峰流量比单独优化调度减少 $1706m^3/s$，削峰率增加 4.5 个百分点。其中：资水入湖洪峰流量减少 $769m^3/s$，削峰率增加 14.9 个百分点；沅江入湖洪峰流量减少 $749m^3/s$，削峰率增加 3.4 个百分点；澧水入湖洪峰流量减少 $49m^3/s$，削峰率增加 0.4 个百分点。由此可见，四水流域水库群联合防洪调度比单独优化调度更好地实现了对四水汇入洞庭湖洪水的削峰，但效果并不十分显著。

（a）资水

（b）沅江

图 4 - 22（一） 1998 年四水流域水库群实际调度结果图

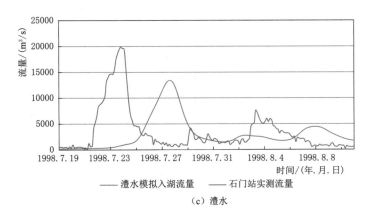

（c）澧水

图 4-22（二）　1998 年四水流域水库群实际调度结果图

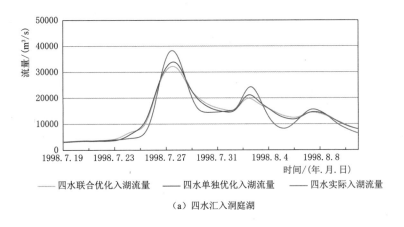

（a）四水汇入洞庭湖

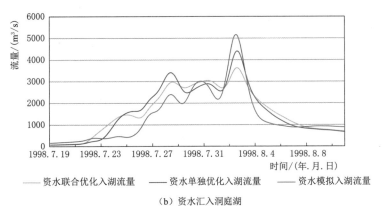

（b）资水汇入洞庭湖

图 4-23（一）　1998 年四水流域水库群单独优化与联合优化调度
结果对比图

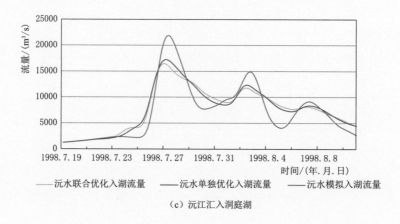

（c）沅江汇入洞庭湖

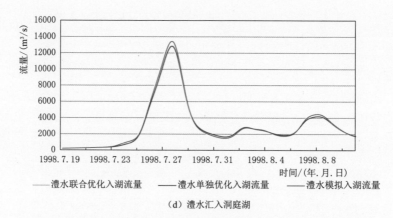

（d）澧水汇入洞庭湖

图 4-23（二） 1998 年四水流域水库群单独优化与联合优化调度
结果对比图

4.3 湘江流域重点区域联合防洪调度方案

4.3.1 研究水库（电站）范围

湘江流域洪水峰高量大，持续时间较长。干流无防洪控制水库；支流防洪水库控制集雨面积占比小，防洪库容不足，对于流域性的洪水控制能力不强。按湘江尾闾河道 20000m³/s 的安全泄量，现有调度条件下水库的防洪库容不够，洪水调蓄能力不足，干流梯级低水头电站必须纳入防洪调度体系，形成调度合力，通过支流防洪水库削峰错峰作用与干流低水头电站蓄滞洪作用为下游防洪。

研究时将湘江流域支流 12 座大型水库及干流 8 座低水头电站纳入调度研究范围。

4.3.2 库容挖潜分析

研究范围内 12 座大型水库总库容为 139.20 亿 m³，总防洪库容为 7.59 亿 m³，正常库容总计 117.12 亿 m³。湘江支流大型水库特性见表 4-6。

表 4-6 湘江支流大型水库特性表

水库名称	流域面积/km²	流域	水位/m					库容/亿 m³		
			校核水位	防洪高水位	正常水位	汛限水位	死水位	总库容	防洪库容	正常库容
涔天河	2466	潇水	320.27	316.60	313.00	310.50	282.00	15.10	2.50	12.10
双牌	10594	潇水	176.07	170.00	170.00	168.00	158.00	6.90	0.58	3.74
晒北滩	324	白水	300.60	300.00	300.00	296.00	260.00	1.09	0.14	1.06
欧阳海	5409	舂陵水	133.40	130.00	130.00	128.00	115.00	4.25	0.57	2.92
东江	4719	耒水	293.40	286.10	285.00	284.00	242.00	91.50	1.58	81.20
青山垅	450	洣水	248.86	243.80	243.80	242.80	203.00	1.14	0.05	0.86
酒埠江	625	洣水	169.82	164.00	164.00	162.50	152.50	2.95	0.17	2.17
洮水	769	洣水	207.18	206.70	205.00	202.00	170.00	5.15	1.00	4.76
水府庙	3160	涟水	97.63	94.00	94.00	93.00	85.50	5.60	0.45	3.70
株树桥	564	浏阳河	169.31	165.00	165.00	162.00	136.00	2.78	0.24	2.29
官庄	201	浏阳河	125.72	123.60	123.60	122.00	109.50	1.21	0.17	1.07
黄材	241	沩水	168.69	168.69	166.00	166.00	122.00	1.53	0.14	1.26
合计	295222							139.20	7.59	117.12

注　除涔天河、东江、晒北滩、洮水水库在设计时设置防洪库容外，其余水库在设计时没有预留防洪库容。

湘江干流老埠头以下有潇湘、浯溪、湘祁、近尾洲、土谷塘、大源渡、株航、长沙枢纽等 8 座低水头电站，各水电站特性见表 4-7，正常库容总和 23.75 亿 m³。

表 4-7 湘江干流低水头电站特性表

水库名称	流域面积/km²	水位/m					库容/亿 m³	
		校核水位	设计水位	正常水位	死水位	堰顶高程	总库容	正常库容
潇湘	21590	103.00	100.50	97.00	96.00	89.00	1.82	0.85
浯溪	23380	92.47	90.02	88.50	87.50	76.00	2.76	1.78
湘祁	27118	80.12	77.71	75.50	74.80	63.50	3.89	1.61
近尾洲	28597	72.28	69.68	66.00	65.10	57.10	4.60	1.55
土谷塘	37273	67.74	65.03	58.00	57.50	47.00	1.97*	1.97
大源渡	53200	57.86	55.59	50.00	47.80	39.00/37.00	4.51	4.51
株航	66002	48.40	45.83	40.50	38.50	28.50	12.45	4.74
长沙枢纽	90520	36.80	35.73	29.70	29.70	25.00/18.50	6.75*	6.75
合计	347680						38.75	23.75

*　无总库容数据，采用正常库容。

湘江支流涔天河、双牌、欧阳海、水府庙 4 座水库现状防洪库容 4.10 亿 m³，通过预泄腾库，降低汛限水位后（在现状汛限水位的基础上降低），可挖掘防洪库容 3.56 亿 m³/4.52 亿 m³（降低 3m/4m）；耒水的东江水库汛期 4—8 月多年平均水位 274.8m（取 275.00m），按此水位计算，东江水库可挖掘防洪库容 13.54 亿 m³；加上 12 座大型水库现状的防洪库容 7.59 亿 m³，通过预泄腾库，涔天河、双牌、欧阳海、水府庙、东江等 12 座大型水库可用防洪库容约 24.69 亿（降 3m）～25.65（降 4m）亿 m³。湘江支流大型水库库容挖潜分析见表 4-8。

表 4-8 湘江支流大型水库库容挖潜分析表

水 库 名 称		涔天河	双牌	欧阳海	水府庙	合计
汛限水位/m		310.5	168.00	128.00	93.00	
现状防洪库容/亿 m³		2.50	0.58	0.57	0.45	4.10
挖掘后库容/亿 m³	降1m	2.85	0.84	0.84	0.86	5.39
	降2m	3.16	1.09	1.09	1.22	6.56
	降3m	3.47	1.33	1.318	1.55	7.66
	降4m	3.78	1.53	1.498	1.82	8.62

另外，通过预泄腾库，湘江干流 8 个低水头电站可挖掘滞洪库容 10.09 亿 m³/12.82 亿 m³（降3m/4m）。

表 4-9 湘江干流低水头电站库容挖潜分析表

水 库		潇湘	浯溪	湘祁	近尾洲	土谷塘	大源渡	株航	长沙枢纽	合计
正常蓄水位/m		97.00	88.50	75.50	66.00	58.00	50.00	40.50	29.70	
正常库容/亿 m³		0.85	1.78	1.61	1.54	1.97	4.51	4.74	6.75	23.75
挖掘后库容/亿 m³	降1m	0.93	2.00	1.85	1.82	2.25	5.16	5.49	7.85	27.35
	降2m	1.00	2.20	2.06	2.06	2.51	5.74	6.17	8.99	30.73
	降3m	1.08	2.40	2.26	2.27	2.76	6.30	6.77	10.00	33.84
	降4m	1.16	2.58	2.43	2.45	2.98	6.80	7.30	10.87	36.57

综合以上分析，预报湘江流域将发生流域性超标准大（特大）洪水时，通过预泄腾库提前降水位运行，湘江干支流 20 座水库（电站）可提供防洪（滞洪）库容 34.78 亿（降3m）~38.47（降4m）亿 m³。

4.3.3 挖潜时间的选择

1. 固定时段法

湘江流域的主汛期为每年 5—7 月，即使是 6 月中旬至 7 月中旬，时段亦较长，采用固定时段法并不现实。

2. 择时择机法

基于湖南省气象降雨精细化数值预报与水文洪水预报耦合系统，当气象预报流域有大范围强降雨，未来 5~7 天将发生流域性的超标洪水时，可择时择机挖掘支流主要防洪控制性水库和干流梯级电站的防洪、蓄洪、滞洪潜力，采用分级预泄、提前腾库的方式，加强梯级电站联合调度监管，让洪水汛前汛时"泄得下"、汛后"蓄得满"，统筹兼顾干支流、上下游的防洪效益和水库、电站的发电、灌溉、航运等综合效益，科学拟定场次洪水过程前后坝前控制水位，立足于在防洪关键时刻（如湘江流域 2017 年、2019 年等特大超标洪水）更多更好地发挥流域干流梯级电站和支流主要防洪控制水库的防洪削峰错峰作用，同时也不过多地影响其原有的开发目标。

4.3.4 流域防洪总体思路

湘江干流中下游地势低平，两岸城市及农村较发达，人口众多，但干流没有防洪水库也无条件修建控制性防洪水库，因此需结合支流的涔天河（主要为江华、道县防洪，其次为双牌水库拦量）、双牌、欧阳海、东江、水府庙等 12 座防洪水库预泄腾库、优化调度，以及干流低水头电站预泄腾库挖潜，配合干流现有堤防，蓄滞洪区解决防洪问题。

流域防洪的总体思路是分区分段防洪。

1. 分区防洪（7 区）

分区防洪主要划分为防洪水库占支流面积比重较大的舂陵水（欧阳海，82%）、耒水（东江，40%）、涟水（水府庙，44%）片区以及防洪水库占支流面积比重较小的白水（晒北滩，18%）、渌水（青山垅、酒埠江、洮水，合计 18%）、浏阳河（株树桥、官庄，合计 18%）、沩水（黄材，9%）片区。

欧阳海、东江、水府庙一方面可承担本流域的防洪，同时也可以联合分担湘江中下游河段的拦蓄洪量；晒北滩、青山垅、酒埠江、洮水、株树桥、官庄、黄材水库集水面积较小，分布分散，且多有灌溉、供水等任务，其防洪作用主要体现在局部区域防洪。

2. 分段防洪（3 段）

分段防洪主要划分为上游永州市河段、中游衡阳市河段、下游长株潭河段。上游永州市河段的代表站采用老埠头（冷水滩）站，典型洪水年份为上游型的 2007 年（选用）、2008 年；中游衡阳市河段的代表站采用衡阳站、衡山站，典型洪水年份为中游型的 2002 年、2006 年（选用）；下游长株潭河段的代表站采用湘潭站，选用的典型洪水年份为流域性的 2017 年、2019 年。

4.3.5　河段划分及典型年选择

河段划分及典型年选择如下：上游河段代表站为冷水滩站，典型洪水年份为上游型 2007 年；中游河段代表站为衡阳站、衡山站，典型洪水年份为中游型 2006 年；下游河段代表站为湘潭站，典型洪水年份为下游型 2017 年、2019 年。

河段划分及典型年选择示意如图 4-24 所示。

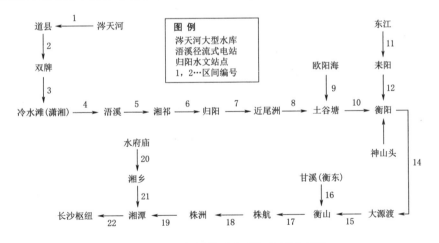

图 4-24　河段划分及典型年选择示意图

4.3.6　前提要求

（1）精准的降雨和洪水预报。洪峰预见期须满足支流防洪水库和干流低水头电站预泄腾库的时间要求，结合干支流洪水涨落特性及洪水传播时间可知：上游老埠头（冷水滩）

站洪峰预见期不宜少于 2～3 天；中游衡阳站洪峰预见期不宜少于 4～5 天；下游湘潭站洪峰预见期不宜少于 5～6 天。

（2）水库群联合协同精准调度。鉴于湘江流域洪水峰高量大、持续时间长的特点及湘江干流无防洪控制水库、支流防洪水库控制集雨面积占比小、防洪库容不足等短板，将湘江干流梯级电站纳入防洪调度体系，干支流水库、电站联合协同精准调度，充分挖掘和发挥支流防洪水库削峰错峰作用与干流低水头电站蓄滞洪作用。

4.3.7　永州市河段（上游型洪水）防洪调度方案

永州市河段的防洪方案为堤防＋涔天河水库＋双牌水库。涔天河水库设计防洪库容 2.5 亿 m³，控制集雨面积接近双牌水库的 1/4，防洪对象主要为江华、道县县城，潇水下游遇超标洪水时可临时为双牌水库拦蓄洪量；双牌水库为老埠头（冷水滩）削峰错峰。

调度方案：双牌水库—老埠头（冷水滩）的洪水传播时间为 6～8h，遇 2007 年上游型洪水，预报未来 2～3 天老埠头（冷水滩）站洪峰流量达 12000～13000m³/s，双牌水库提前下泄（加大至 1000～1200m³/s），约 1 天将坝前水位由汛限水位 168.00m 降低至 167.00m 或 166.00m。通过预泄调度，可将老埠头站 2007 年实测洪峰流量由 13000m³/s 削减至 11800m³/s，削峰 1200m³/s，但各方案对 2007 年典型洪水的削峰效果差别不明显，主要因为双牌水库低水位时泄流能力不足，潇水双牌水库下泄过程的退水段与湘江西支（全州站）来流遭遇导致削峰效果差别不明显。

根据潇水及干流洪水预报，提前预泄腾出库容。湘江全洲站—老埠头的洪水传播时间为 12h，双牌—老埠头洪水传播时间为 6h，两者至老埠头的传播时间相差约 6h，因此双牌水库可提前预泄，拦蓄退水段洪峰，尽量减小老埠头洪峰。在精确预报前提下，可采用提前预泄腾库的方式，当老埠头预计洪峰小于 12000m³/s 时，产生的错峰效果较明显。

双牌水库 168.00m 起调调洪成果如图 4-25 所示。

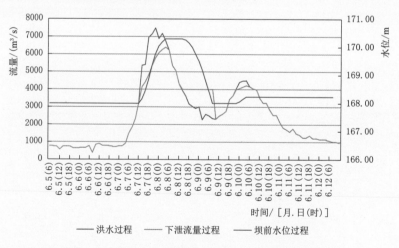

图 4-25　2007 年双牌水库 168.00m 起调调洪成果图

双牌水库 167.00m 起调调洪成果如图 4-26 所示。

双牌水库 166.00m 起调调洪成果如图 4-27 所示。

老埠头流量过程如图 4-28 所示。

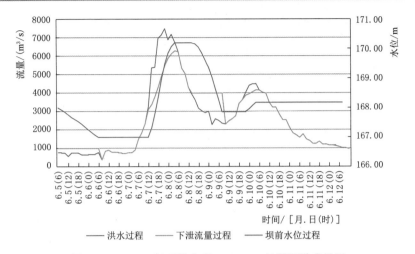

图 4-26 2007 年双牌水库 167.00m 起调调洪成果图

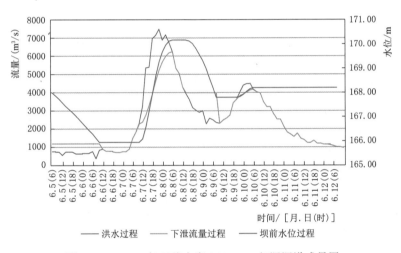

图 4-27 2007 年双牌水库 166.00m 起调调洪成果图

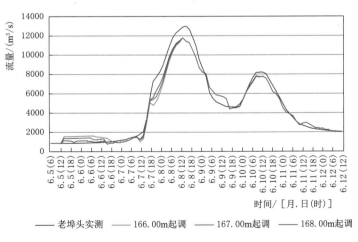

图 4-28 2007 年老埠头流量过程图

4.3.8　衡阳市河段（中游型洪水）防洪调度方案

中游衡阳市河段（衡阳、衡山）防洪方案为：堤防＋双牌（含涔天河）、欧阳海、东江错峰＋潇湘、浯溪、湘祁、近尾洲、土谷塘、大源渡 6 座低水头电站预泄挖潜错峰。

调度方案：遇 2006 年中游型洪水，预报未来 5 天衡阳站洪峰流量达 16000～18000m³/s（衡山站 17000～19000m³/s），上述水库、电站启用预泄挖潜调度模式，提前预泄，降水位运行。

4.3.8.1　支流防洪控制水库预泄调度

1. 预泄启动时间

考虑双牌水库、欧阳海水库至衡阳站的洪水传播时间，水库预泄时间较衡阳、衡山（二）站峰现时间提前 4 天，或是较入库洪峰峰现时间提前 2～3 天。

2. 预泄水位

根据洪水量级、泄流能力，模拟了双牌、欧阳海水库在汛限水位基础上预泄降低水位 1m、2m、3m 三种预泄方案。

3. 最大流量控制

为防止短时间内超达流量的产生，保障下游安全，预泄流量控制条件为不超过下游安全泄量。

4. 洪水调度

双牌水库。预报未来 2.5 天内（双牌—衡阳站洪水传播时间近 2 天）衡阳站流量达主峰值且洪峰流量大于 17000m³/s，根据水库上游洪水预报，双牌水库调洪最高水位不超过 169.50m，双牌水库拦蓄量取 800m³/s 和为保证下游安全泄量防洪拦蓄流量两者中的大值，当水位高于 169.50m 后，按照现行设计调度方式拦蓄。

欧阳海水库。预报未来 1.5 天（欧阳海—衡阳站洪水传播时间约 1 天）衡阳站流量达主峰值且洪峰流量大于 19000m³/s，根据水库上游洪水预报，欧阳海水库调洪最高水位不超过 129.50m，拦蓄量取 600m³/s 和为保证下游安全泄量防洪拦蓄流量两者中的大值，水位高于 129.50m 后，按现行设计调度方式拦蓄；若欧阳海水库调洪最高水位超过 130.00m，欧阳海水库可适当增加控泄流量值，采用"削平头"调度方式。

双牌水库 2019 年 7 月 12—26 日挖潜模拟调度过程如图 4-29 所示。

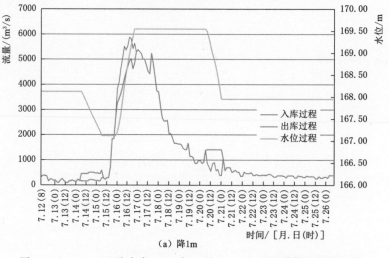

（a）降1m

图 4-29（一）　双牌水库 2019 年 7 月 12—26 日挖潜模拟调度过程

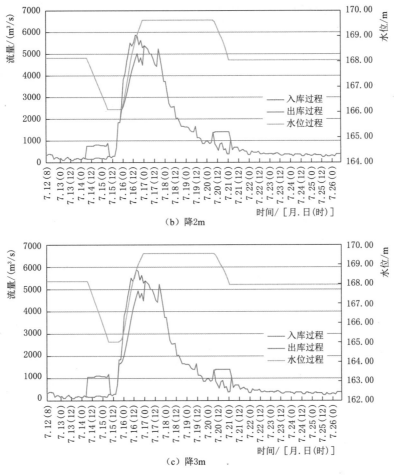

图 4-29（二）　双牌水库 2019 年 7 月 12—26 日挖潜模拟调度过程

欧阳海水库 2019 年 7 月 12—26 日挖潜模拟调度过程如图 4-30 所示。

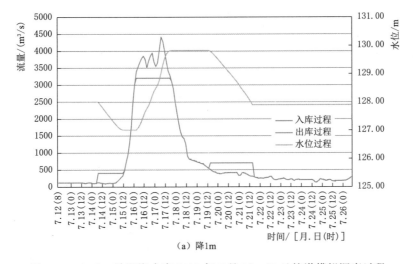

图 4-30（一）　欧阳海水库 2019 年 7 月 12—26 日挖潜模拟调度过程

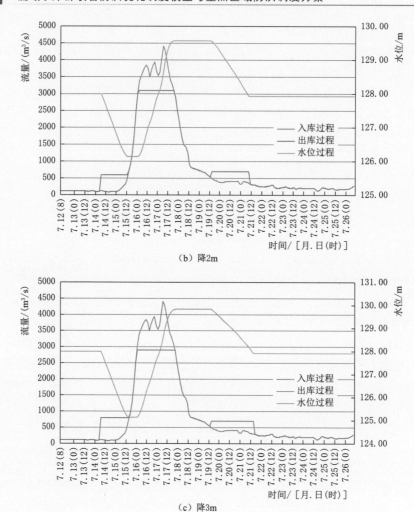

(b) 降2m

(c) 降3m

图4-30（二） 欧阳海水库2019年7月12—26日挖潜模拟调度过程

4.3.8.2 干流梯级电站预泄调度

1. 洪水传播时间

湘江干流各控制断面洪水传播时间见表4-10。

表4-10　　　　　　　　　　湘江干流各控制断面洪水传播时间

控制断面	间距/km	洪水传播时间/h	控制断面	间距/km	洪水传播时间/h
老埠头水文站	0		大源渡电站	58	7~8
潇湘电站	20	2~3	衡山（二）水文站	11	1~2
浯溪电站	53	6~7	株航电站	80	8~12
湘祁电站	60	7~8	株洲水文站	23	2~4
归阳水文站	5	0~1	湘潭水文站	35	3~4
近尾洲电站	43	5~6	长沙（三）站	45	5~6
土谷塘电站	51	6~8	长沙枢纽	21	2~3
衡阳水文站	40	5~6			

2. 预泄启动时间及预泄次序

考虑各梯级洪水传播情况，干流梯级电站预泄应为由下游向上游逐级启动预泄。长沙枢纽位于湘江干流最下游梯级，其按设计拟定的洪水调度方式进行调度，坝址流量大于 $2400\text{m}^3/\text{s}$ 时，涨水期按固定泄量 $5000\text{m}^3/\text{s}$ 下泄，直至坝上下游水位平齐水流平顺，故须最先主动启动预泄的为大源渡电站，预泄启动时间较衡阳站达洪峰流量时刻提前5天。

3. 预泄水位

根据洪水量级模拟了支流双牌、欧阳海水库在汛限水位基础上预泄 1m、2m、3m，干流径流式电站在正常蓄水位基础上预泄 2m、3m、4m。

若考虑预泄水位对沿岸城镇水厂取水的不利影响，各电站暂预泄至死水位（或 1~2m），预泄启动时间可延迟，预泄启动时间较衡阳站达洪峰流量时刻提前4天。

4. 预泄时间间隔

预泄时间间隔过短会加重下游梯级的预泄压力，预泄时间间隔过长则预泄效果难以保证。综合上下游梯级电站的预泄流量、洪水传播时间、泄洪预警时间等因素，大源渡、土谷塘电站预泄时间间隔取 4h，其他各电站预泄时间间隔取 2h。

5. 坝前水位降低速率

为确保库水位下降过程缓慢，避免库区垮坡塌陷、船只搁浅倾覆，预泄过程中，坝前水位降低速率不大于 0.2m/h。

6. 预泄历时

2006 年典型洪水，根据上下游梯级预泄时间间隔，预泄时坝前水位降低速率控制在 0.2m/h 以内，预泄降水位 2~4m 或预泄至死水位，大源渡—潇湘梯级电站从预泄开始到最后一梯级预泄结束，预泄历时 1~2 天。

7. 洪水调度

预泄降低起调水位后，各径流式电站维持现行调度方式，利用预泄库容对下游河段进行滞洪错峰调度。

2006 年典型洪水，潇湘、浯溪、近尾洲 3 个梯级电站的来流在 2 年一遇洪水量级大小（电站设计调度 2 年一遇洪水坝前水位维持正常蓄水位），其洪水涨落时间与下游防洪控制断面衡阳水文站基本一致（考虑洪水传播时间）。潇湘、浯溪、近尾洲电站可在起涨前期来多少泄多少，在洪峰涨落段可利用正常蓄水位至预泄水位之间的预泄库容，对入库流量小于等于 2 年一遇洪水的洪峰段进行滞洪错峰。

2006 年 7 月 12—26 日支流水库预泄降低水位 1m 且干流径流式电站预泄降低水位 2m、支流水库预泄降低水位 2m 且干流径流式电站预泄降低水位 3m、支流水库预泄降低水位 3m 且干流径流式电站预泄降低水位 4m 模拟调度过程如图 4-31~图 4-33 所示。

2006 年 7 月 12—26 日支流水库预泄降低水位 1m 且干流径流式电站预泄降至死水位模拟调度过程如图 4-34 所示。

2006 年 7 月 12—26 日支流水库降低 2m 且干流径流式电站降至死水位模拟调度过程如图 4-35 所示。

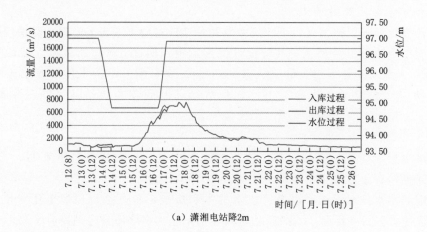

（a）潇湘电站降2m

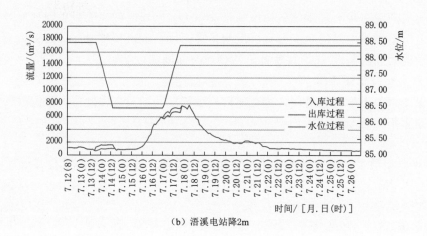

（b）浯溪电站降2m

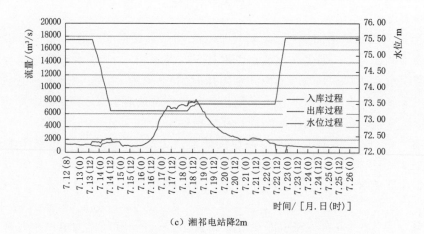

（c）湘祁电站降2m

图 4-31（一） 2006 年 7 月 12—26 日支流水库预泄降低水位 1m
且干流径流式电站预泄降低水位 2m 模拟调度过程

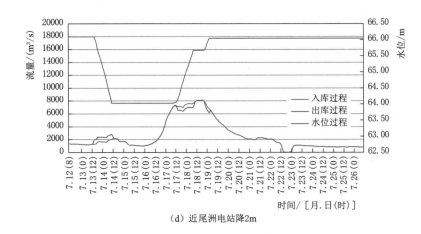

（d）近尾洲电站降2m

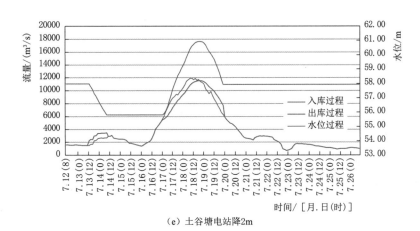

（e）土谷塘电站降2m

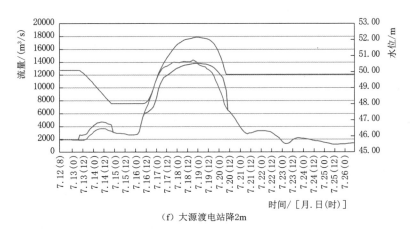

（f）大源渡电站降2m

图 4-31（二） 2006 年 7 月 12—26 日支流水库预泄降低水位 1m
且干流径流式电站预泄降低水位 2m 模拟调度过程

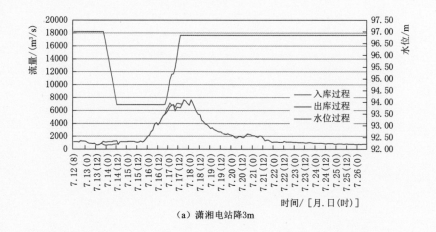

（a）潇湘电站降3m

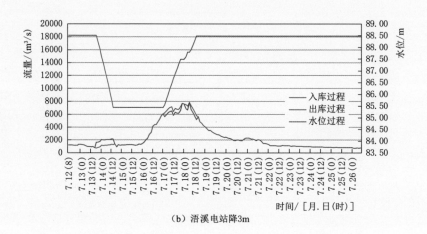

（b）浯溪电站降3m

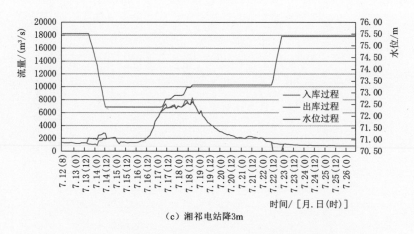

（c）湘祁电站降3m

图 4-32（一）　2006 年 7 月 12—26 日支流水库预泄降低水位 2m
且干流径流式电站预泄降低水位 3m 模拟调度过程

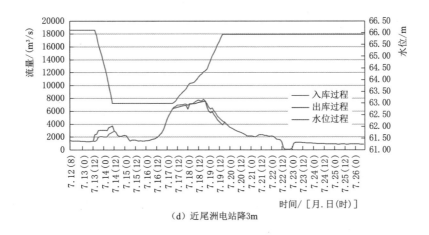

（d）近尾洲电站降3m

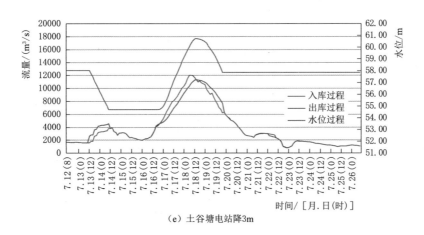

（e）土谷塘电站降3m

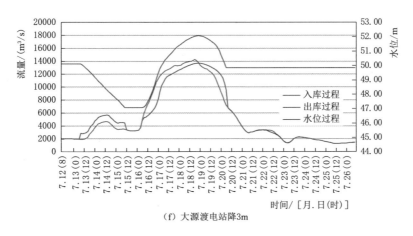

（f）大源渡电站降3m

图4-32（二）　2006年7月12—26日支流水库预泄降低水位2m
且干流径流式电站预泄降低水位3m模拟调度过程

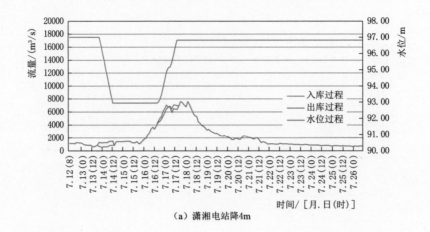

（a）潇湘电站降4m

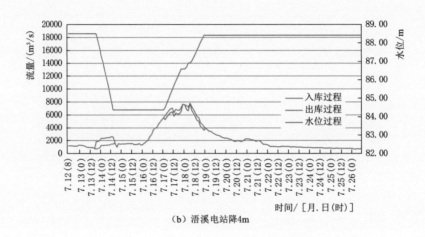

（b）浯溪电站降4m

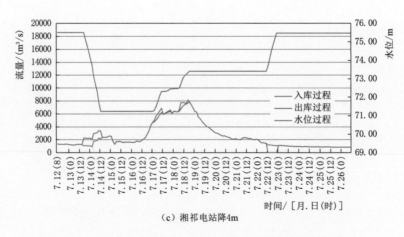

（c）湘祁电站降4m

图 4-33（一）　2006 年 7 月 12—26 日支流水库预泄降低水位 3m
且干流径流式电站预泄降低水位 4m 模拟调度过程

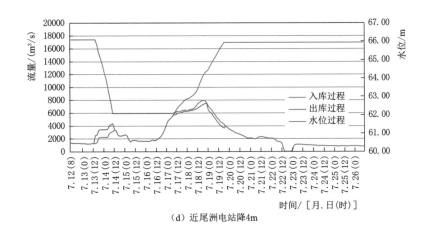

（d）近尾洲电站降4m

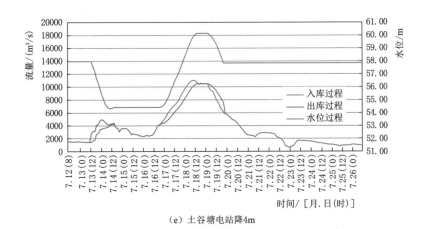

（e）土谷塘电站降4m

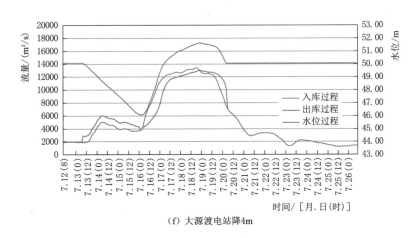

（f）大源渡电站降4m

图4-33（二）　2006年7月12—26日支流水库预泄降低水位3m
且干流径流式电站预泄降低水位4m模拟调度过程

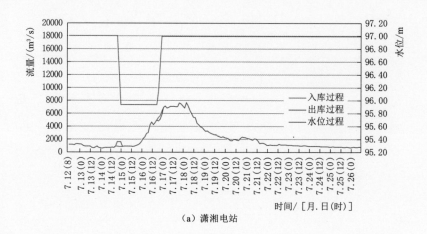

（a）潇湘电站

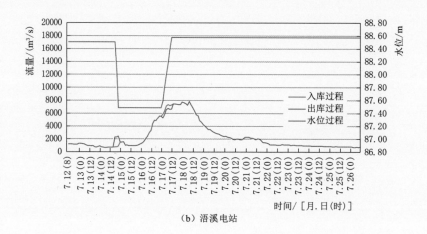

（b）浯溪电站

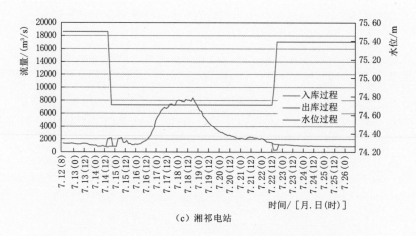

（c）湘祁电站

图 4-34（一）　2006 年 7 月 12—26 日支流水库预泄降低水位 1m
且干流径流式电站预泄降至死水位模拟调度过程

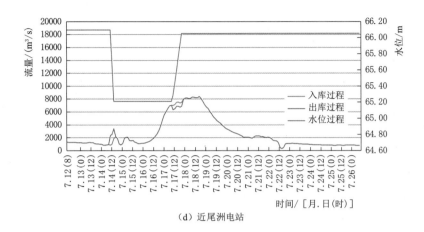

（d）近尾洲电站

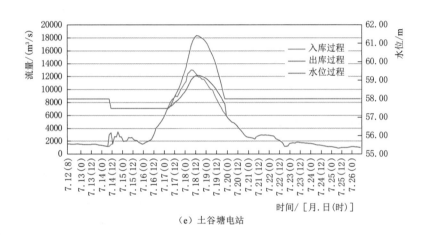

（e）土谷塘电站

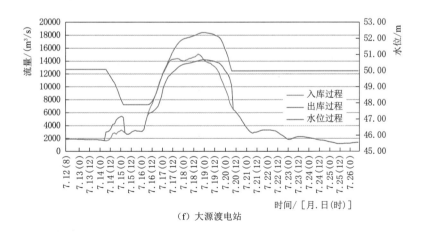

（f）大源渡电站

图 4-34（二）　2006 年 7 月 12—26 日支流水库预泄降低水位 1m
且干流径流式电站预泄降至死水位模拟调度过程

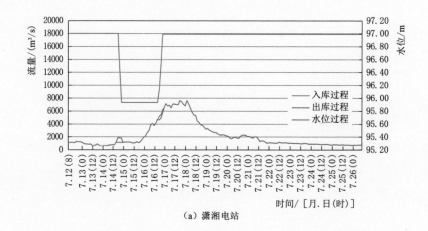

（a）潇湘电站

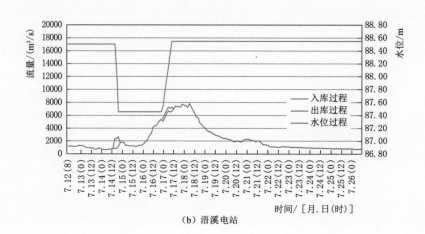

（b）浯溪电站

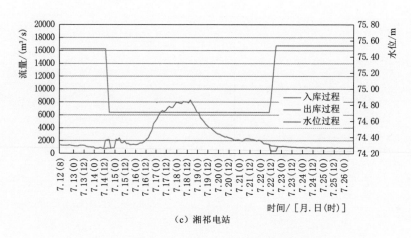

（c）湘祁电站

图 4-35（一） 2006 年 7 月 12—26 日支流水库降低 2m
且干流径流式电站降至死水位模拟调度过程

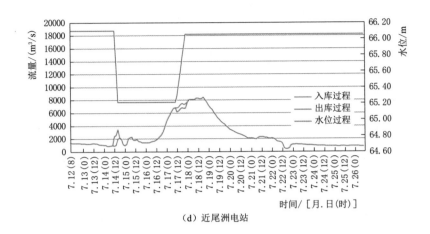

（d）近尾洲电站

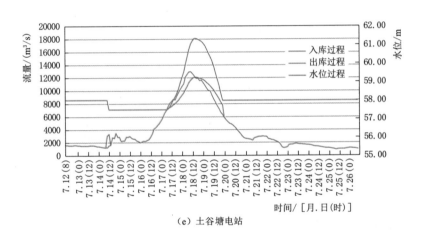

（e）土谷塘电站

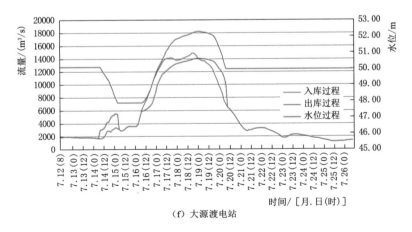

（f）大源渡电站

图 4-35（二）　2006 年 7 月 12—26 日支流水库降低 2m
且干流径流式电站降至死水位模拟调度过程

2006 年 7 月 12—26 日支流水库预泄降低水位 3m 且干流径流式电站预泄降至死水位模拟调度过程如图 4-36 所示。

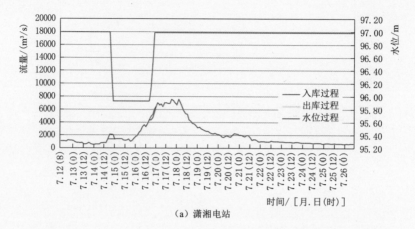

（a）潇湘电站

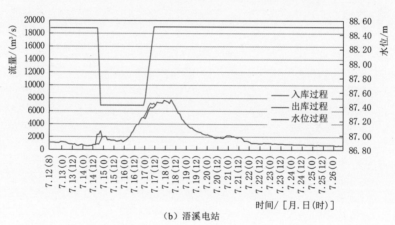

（b）浯溪电站

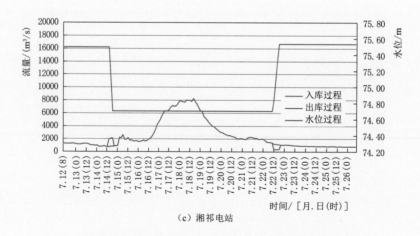

（c）湘祁电站

图 4-36（一） 2006 年 7 月 12—26 日支流水库预泄降低水位 3m
且干流径流式电站降至死水位模拟调度过程

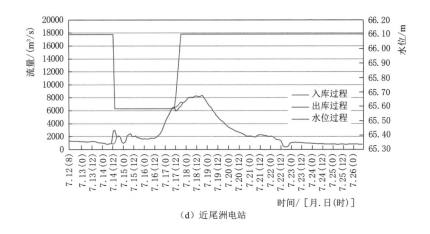

（d）近尾洲电站

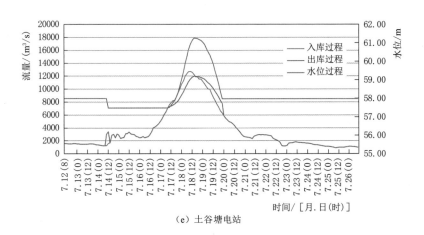

（e）土谷塘电站

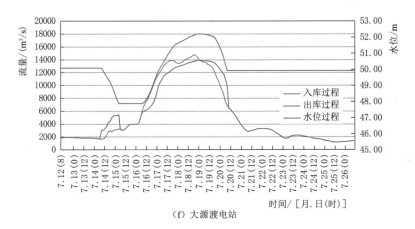

（f）大源渡电站

图4-36（二）　2006年7月12—26日支流水库预泄降低水位3m
且干流径流式电站降至死水位模拟调度过程

4.3.8.3 调度效果

根据防洪挖潜优化调度模型计算，通过降水位（支流1～3m，干流2～4m）预泄挖潜优化调度，2006年典型洪水，衡阳站削减洪峰流量为1700～2800m³/s，衡山（二）站削减洪峰流量为1900～2900m³/s，降低水位0.3～0.5m。2006年7月12—26日各方案下（支流1～3m，干流2～4m）衡阳站流量过程如图4-37所示。

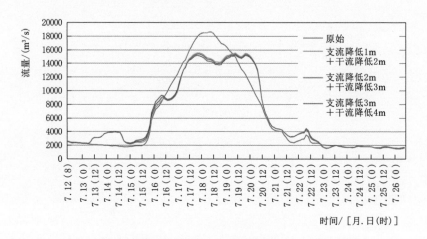

图4-37　2006年7月12—26日各方案下（支流1～3m，
干流2～4m）衡阳站流量过程

若降低水位至死水位，2006年典型洪水，衡阳站削减洪峰流量为1500～2400m³/s，衡山（二）站削减洪峰流量为1600～2600m³/s，降低水位0.25～0.45m。2006年7月12—26日各方案下（支流1～3m，干流降至死水位）衡阳站流量过程如图4-38所示。

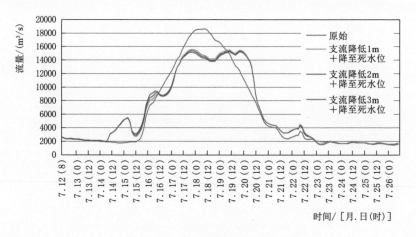

图4-38　2006年7月12—26日各方案下（支流1～3m，
干流降至死水位）衡阳站流量过程

4.3.9 长株潭河段（流域性特大洪水）防洪调度方案

长株潭河段防洪方案为：双牌（含涔天河）、欧阳海、东江、水府庙错峰＋潇湘、浯溪、湘祁、近尾洲、土谷塘、大源渡、株航、长沙枢纽 8 座低水头电站预泄挖潜错峰＋堤防＋蓄滞洪区。

调度方案：遇 2017 年、2019 年湘江流域性洪水，预报未来 6 天湘潭站洪峰流量达 19000m³/s 以上，上述水库、电站启用预泄挖潜调度模式，提前预泄，降水位运行。

4.3.9.1　支流防洪控制水库预泄调度

1. 预泄启动时间

双牌水库—湘潭站的洪水传播时间约 3 天，双牌水库启动预泄时间较湘潭站峰现时间提前 5 天；欧阳海—湘潭站的洪水传播时间约 2 天，欧阳海水库启动预泄时间较湘潭站峰现时间提前 5 天；水府庙水库—湘潭站传播时间约 1 天，受泄流能力制约，水府庙启动预泄时间较湘潭峰现时间提前 4 天。

2. 预泄水位

根据洪水量级、各水位下水库下泄能力，模拟了双牌、欧阳海、水府庙水库预泄降低水位 1～3m 工况。

3. 最大流量控制

为防止短时间内超大流量的产生，保障下游安全，预泄流量控制条件为不超过下游河段安全泄量。

4. 洪水调度

双牌水库。当预报未来 3.5 天内（双牌—湘潭站洪水传播时间近 3 天）湘潭站流量达主峰值且洪峰流量大于 19000m³/s 时，根据水库上游洪水预报，双牌调洪最高水位不超过 169.50m，双牌水库拦蓄量取 800m³/s 和为保证下游安全泄量防洪拦蓄流量两者中的大值，当水位高于 169.50m 后，按照现行设计调度方式拦蓄。

欧阳海水库。当预报未来 2.5 天（欧阳海—湘潭站洪水传播时间约 2 天）湘潭站流量达主峰值且洪峰流量大于 19000m³/s 时，根据水库上游洪水预报，欧阳海调洪最高水位不超过 129.50m，拦蓄量取 600m³/s 和为保证下游安全泄量防洪拦蓄流量两者中的大值，当水位高于 129.50m 后，按现行设计调度方式拦蓄；若欧阳海调洪最高水位超过 130.00m，欧阳海可适当增加控泄流量值，采用"削平头"调度方式。

水府庙水库。当预报未来 1.5 天（水府庙—湘潭站洪水传播时间近 1 天）湘潭站流量达主峰值且洪峰流量大于 19000m³/s，根据水库上游洪水预报情况，若水府庙调洪最高水位不超过 93.50m，水府庙拦蓄流量取 800m³/s 和为保证下游安全泄量防洪拦蓄流量两者中的大值，当水位高于 93.50m 后，按现行设计调度方式拦蓄；若水府庙调洪最高水位超过 94.00m，水府庙可适当增加控泄流量值，采用"削平头"调度方式。

2019 年实测典型洪水欧阳海水库出入库流量较小，采用 2019 年实际调度值。

2017 年 6 月 24 日—7 月 8 日双牌、欧阳海水库及 2017 年 6 月 26 日—7 月 10 日水府庙水库预泄降低水位 1～3m 工况下挖潜模拟调度过程如图 4-39～图 4-41 所示。

2019 年 7 月 1—30 日双牌、水府庙水库预泄降低水位 1～3m 工况下挖潜模拟调度过程如图 4-42、图 4-43 所示。

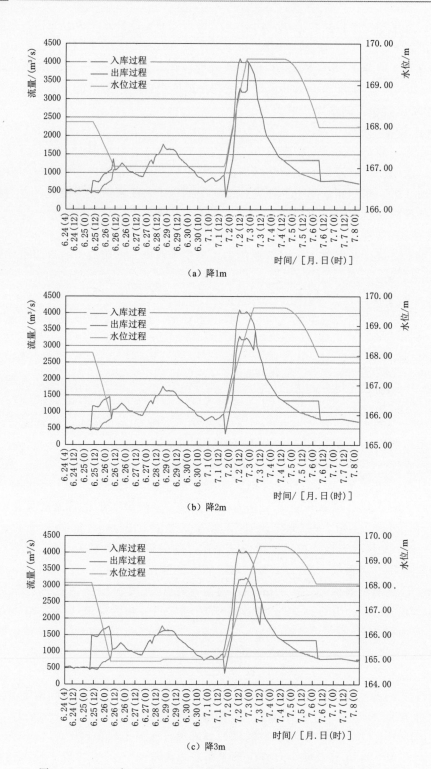

（a）降1m

（b）降2m

（c）降3m

图 4-39　2017 年 6 月 24 日—7 月 8 日双牌水库预泄降低水位 1～3m
工况下挖潜模拟调度过程

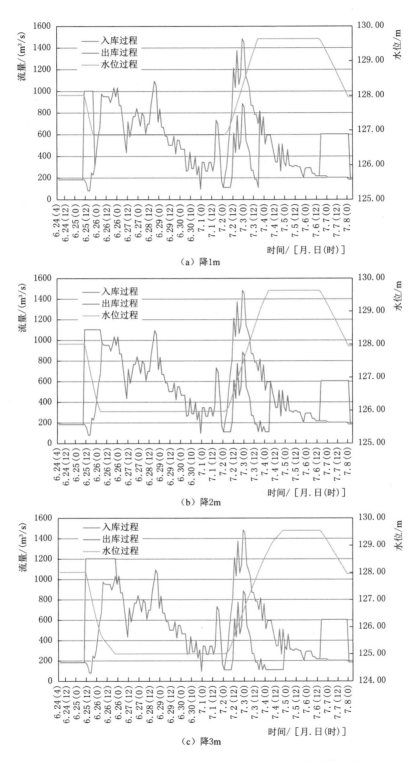

图 4-40　2017 年 6 月 24 日—7 月 8 日欧阳海水库预泄降低水位 1～3m
工况下挖潜模拟调度过程

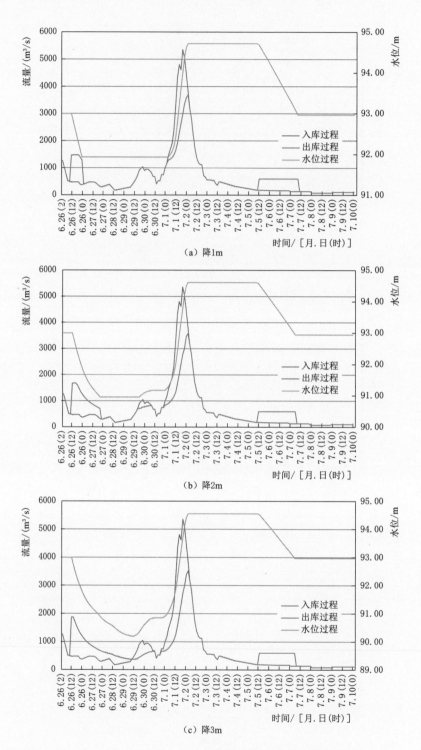

图 4-41　2017 年 6 月 26 日—7 月 10 日水府庙水库预泄降低水位 1～3m
工况下挖潜模拟调度过程

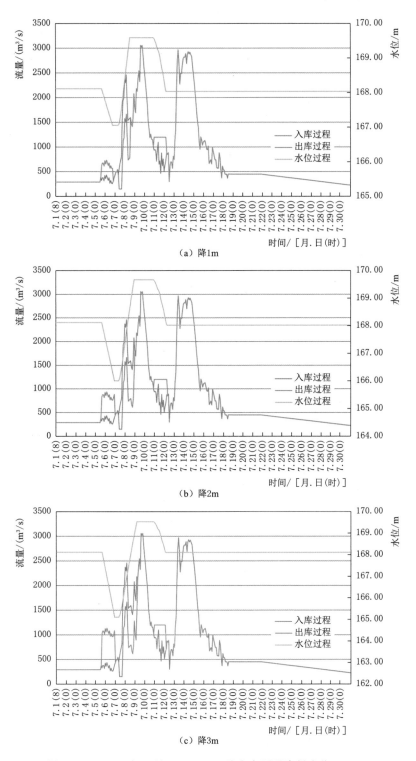

图 4-42　2019 年 7 月 1—30 日双牌水库预泄降低水位 1~3m
工况下挖潜模拟调度过程

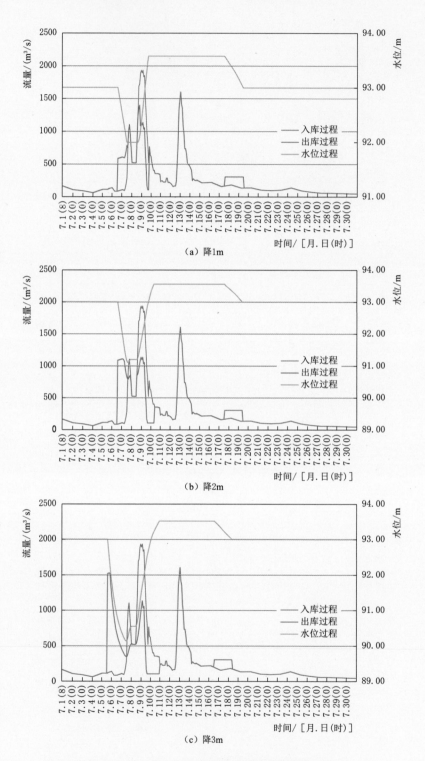

图 4-43 2019 年 7 月 1—30 日水府庙水库预泄降低水位 1～3m
工况下挖潜模拟调度过程

4.3.9.2　干流梯级电站预泄调度

1. 预泄启动时间及预泄次序

考虑各梯级洪水传播情况，干流梯级电站预泄应为由下游向上游逐级启动预泄。长沙枢纽位于湘江干流最下游梯级，其按设计拟定的洪水调度方式进行调度，坝址流量大于 $2400\mathrm{m^3/s}$ 时，涨水期按固定泄量 $5000\mathrm{m^3/s}$ 下泄，直至坝上下游水位平齐自然泄洪，故须最先主动启动预泄的为株航电站，预泄启动时间较湘潭站达到洪峰流量时刻提前 6 天。

2. 预泄水位

根据洪水量级，模拟了支流双牌、欧阳海、水府庙水库在汛限水位基础上预泄 1m、2m、3m，干流径流式电站在正常蓄水位基础上预泄 2m、3m、4m。

若考虑预泄水位对沿岸城镇水厂取水的不利影响，各电站暂预泄至死水位（或 1～2m），预泄启动时间可延迟，预泄启动时间较衡阳站达洪峰流量时刻提前 4 天。

3. 预泄时间间隔

预泄时间间隔过短，会加重下游梯级的预泄压力，预泄时间间隔过长，则预泄效果难以保证，综合上下游梯级的预泄流量、洪水传播时间、泄洪预警时间等因素，株航—大源渡预泄时间间隔取 6h，大源渡—土谷塘预泄时间间隔取 4h，其他各电站预泄时间间隔取 2h。

若各电站仅预泄至死水位，株航—大源渡预泄时间间隔取 4h，大源渡及其他各电站预泄时间间隔取 2h。

4. 坝前水位降低速率

为确保库水位下降过程缓慢，避免库区垮坡塌陷、船只搁浅倾覆，预泄过程中，坝前水位降低速率不大于 0.2m/h。

5. 预泄历时

2017 年、2019 年典型洪水，根据上下游梯级预泄时间间隔，预泄时坝前水位降低速率控制在 0.2m/h 以内，预泄降水位 2～4m 或者预泄至死水位，株航—潇湘梯级电站从预泄开始到最后一梯级预泄结束，预泄历时 1～2 天。

6. 洪水调度

预泄降低起调水位后，各径流式电站维持现行调度方式，利用预泄库容对长株潭河段进行滞洪错峰调度。

2017 年 6 月 24 日—7 月 8 日支流水库预泄降低水位 1m 且干流径流式电站预泄降低水位 2m 模拟调度过程如图 4-44 所示。

2017 年 6 月 24 日—7 月 8 日支流水库预泄降低水位 2m 且干流径流式电站预泄降低水位 3m 模拟调度过程如图 4-45 所示。

2017 年 6 月 24 日—7 月 8 日支流水库预泄降低水位 3m 且干流径流式电站预泄降低水位 4m 模拟调度过程如图 4-46 所示。

2017 年 6 月 24 日—7 月 8 日支流水库预泄降低水位 1m 且干流径流式电站预泄降至死水位模拟调度过程如图 4-47 所示。

2017 年 6 月 24 日—7 月 8 日支流水库预泄降低水位 2m 且干流径流式电站预泄降至死水位模拟调度过程如图 4-48 所示。

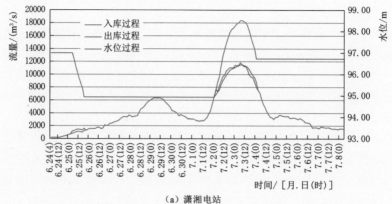

（a）潇湘电站

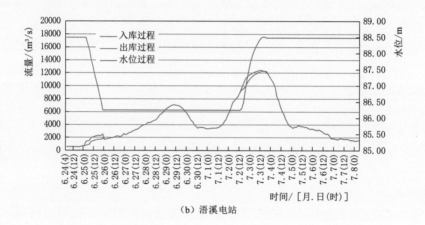

（b）浯溪电站

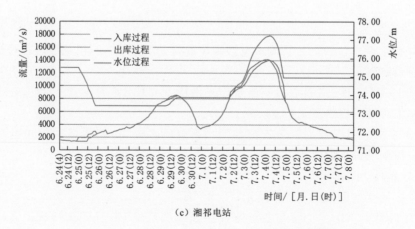

（c）湘祁电站

图 4-44（一） 2017 年 6 月 24 日—7 月 8 日支流水库预泄降低水位 1m
且干流径流式电站预泄降低水位 2m 模拟调度过程

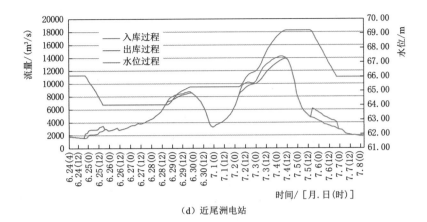

（d）近尾洲电站

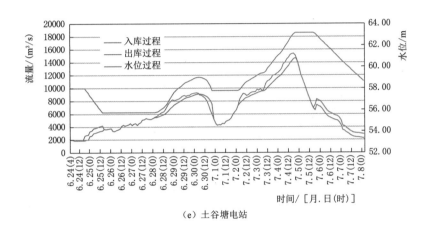

（e）土谷塘电站

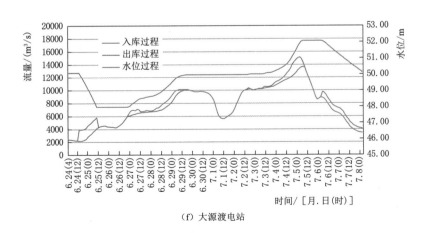

（f）大源渡电站

图 4 - 44（二）　2017 年 6 月 24 日—7 月 8 日支流水库预泄降低水位 1m
且干流径流式电站预泄降低水位 2m 模拟调度过程

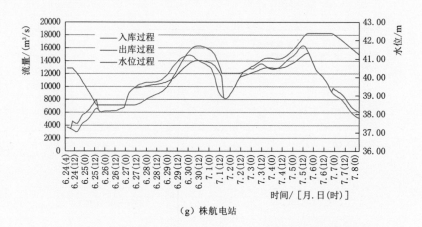

（g）株航电站

图 4-44（三） 2017 年 6 月 24 日—7 月 8 日支流水库预泄降低水位 1m
且干流径流式电站预泄降低水位 2m 模拟调度过程

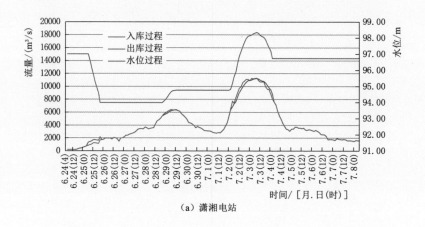

（a）潇湘电站

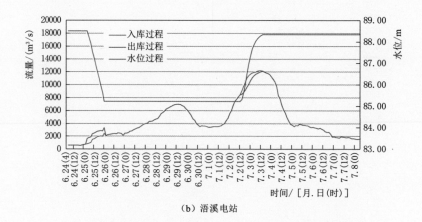

（b）浯溪电站

图 4-45（一） 2017 年 6 月 24 日—7 月 8 日支流水库预泄降低水位 2m
且干流径流式电站预泄降低水位 3m 模拟调度过程

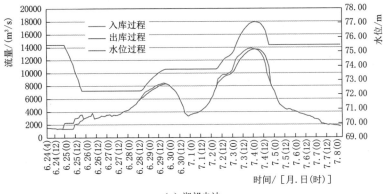

（c）湘祁电站

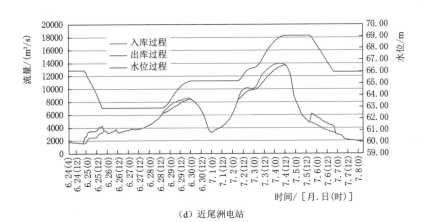

（d）近尾洲电站

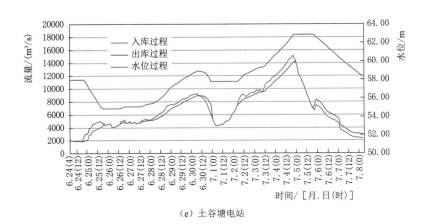

（e）土谷塘电站

图 4-45（二） 2017 年 6 月 24 日—7 月 8 日支流水库预泄降低水位 2m
且干流径流式电站预泄降低水位 3m 模拟调度过程

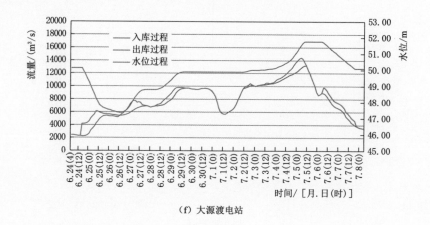

（f）大源渡电站

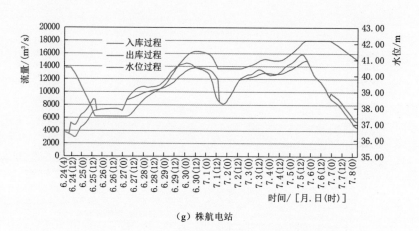

（g）株航电站

图 4-45（三） 2017 年 6 月 24 日—7 月 8 日支流水库预泄降低水位 2m
且干流径流式电站预泄降低水位 3m 模拟调度过程

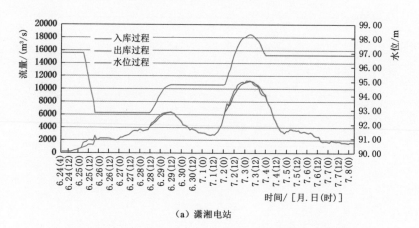

（a）潇湘电站

图 4-46（一） 2017 年 6 月 24 日—7 月 8 日支流水库预泄降低水位 3m
且干流径流式电站预泄降低水位 4m 模拟调度过程

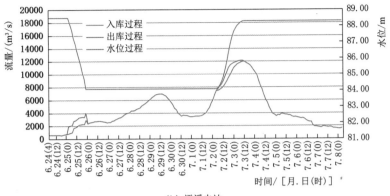

（b）浯溪电站

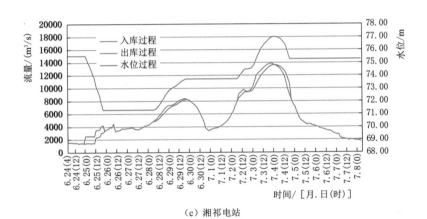

（c）湘祁电站

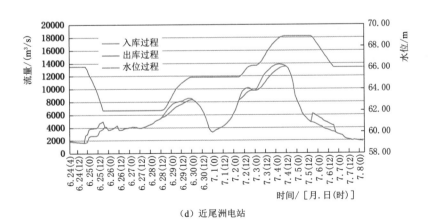

（d）近尾洲电站

图 4-46（二） 2017 年 6 月 24 日—7 月 8 日支流水库预泄降低水位 3m
且干流径流式电站预泄降低水位 4m 模拟调度过程

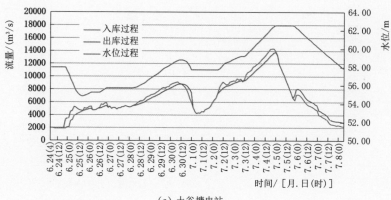

（e）土谷塘电站

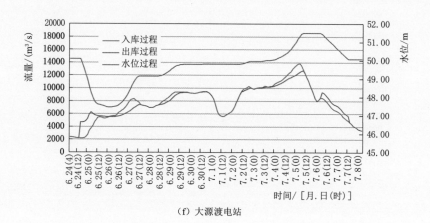

（f）大源渡电站

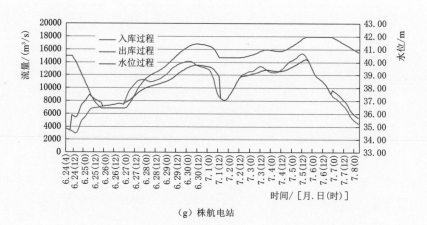

（g）株航电站

图 4-46（三） 2017 年 6 月 24 日—7 月 8 日支流水库预泄降低水位 3m
且干流径流式电站预泄降低水位 4m 模拟调度过程

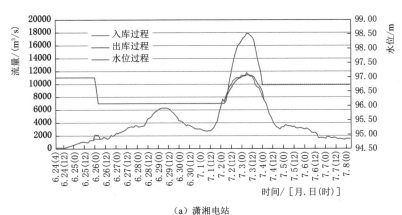

（a）潇湘电站

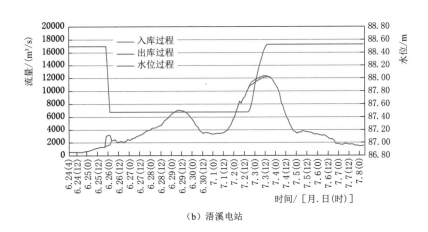

（b）浯溪电站

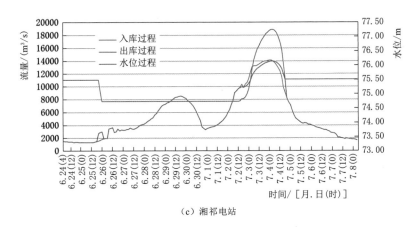

（c）湘祁电站

图 4-47（一）　2017 年 6 月 24 日—7 月 8 日支流水库预泄降低水位 1m
且干流径流式电站预泄降至死水位模拟调度过程

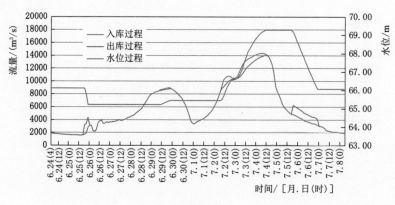

（d）近尾洲电站

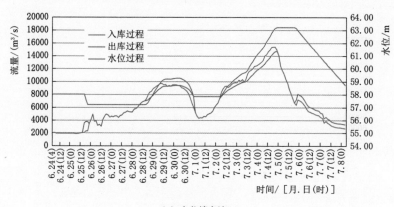

（e）土谷塘电站

（f）大源渡电站

图 4-47（二）　2017 年 6 月 24 日—7 月 8 日支流水库预泄降低水位 1m
且干流径流式电站预泄降至死水位模拟调度过程

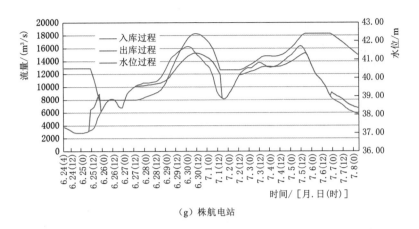

（g）株航电站

图 4-47（三）　2017 年 6 月 24 日—7 月 8 日支流水库预泄降低水位 1m
且干流径流式电站预泄降至死水位模拟调度过程

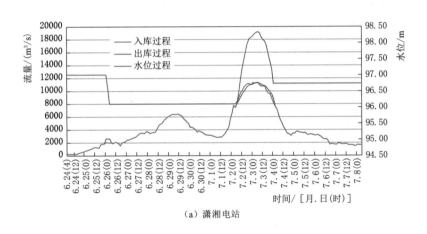

（a）潇湘电站

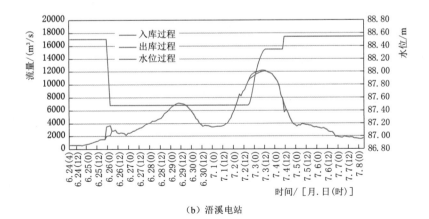

（b）浯溪电站

图 4-48（一）　2017 年 6 月 24 日—7 月 8 日支流水库预泄降低水位 2m
且干流径流式电站预泄降至死水位模拟调度过程

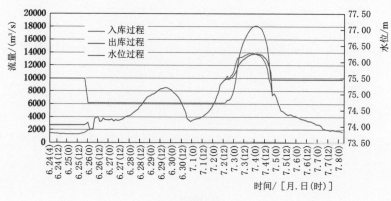

（c）湘祁电站

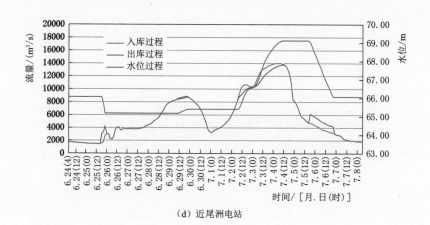

（d）近尾洲电站

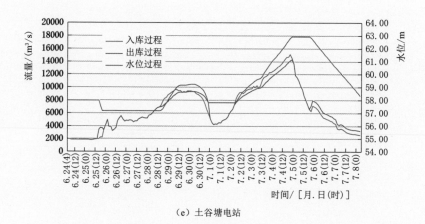

（e）土谷塘电站

图 4-48（二） 2017 年 6 月 24 日—7 月 8 日支流水库预泄降低水位 2m
且干流径流式电站预泄降至死水位模拟调度过程

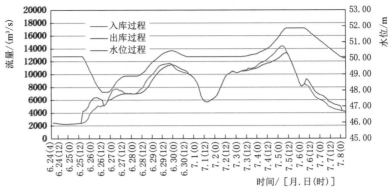

（f）大源渡电站

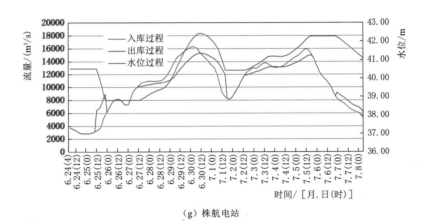

（g）株航电站

图 4-48（三）　2017 年 6 月 24 日—7 月 8 日支流水库预泄降低水位 2m
且干流径流式电站预泄降至死水位模拟调度过程

2017 年 6 月 24 日—7 月 8 日支流水库预泄降低水位 3m 且干流径流式电站预泄降至死水位模拟调度过程如图 4-49 所示。

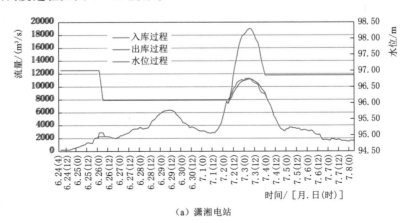

（a）潇湘电站

图 4-49（一）　2017 年 6 月 24 日—7 月 8 日支流水库预泄降低水位 3m
且干流径流式电站预泄降至死水位模拟调度过程

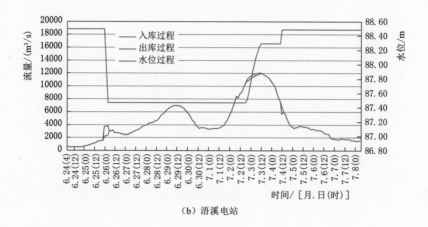

（b）浯溪电站

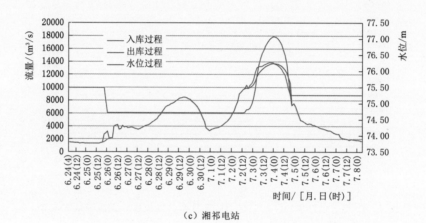

（c）湘祁电站

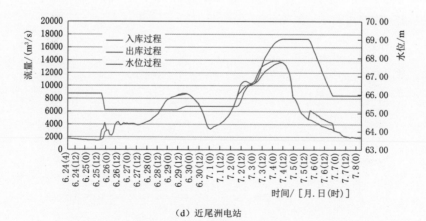

（d）近尾洲电站

图 4-49（二）　2017 年 6 月 24 日—7 月 8 日支流水库预泄降低水位 3m
且干流径流式电站预泄降至死水位模拟调度过程

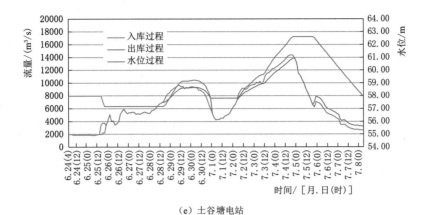

（e）土谷塘电站

（f）大源渡电站

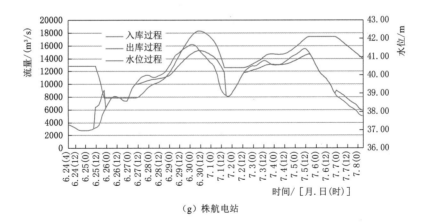

（g）株航电站

图 4-49（三）　2017 年 6 月 24 日—7 月 8 日支流水库预泄降低水位 3m
且干流径流式电站预泄降至死水位模拟调度过程

2019 年 7 月 1—30 日支流水库预泄降低水位 1m 且干流径流式电站预泄降低水位 2m 模拟调度过程如图 4-50 所示。

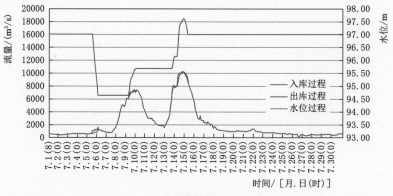

（a）潇湘电站

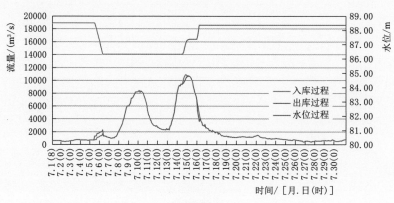

（b）浯溪电站

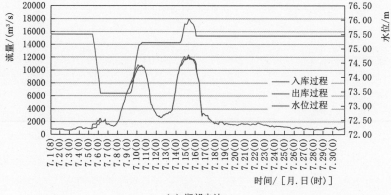

（c）湘祁电站

图 4-50（一）　2019 年 7 月 1—30 日支流水库预泄降低水位 1m
且干流径流式电站预泄降低水位 2m 模拟调度过程

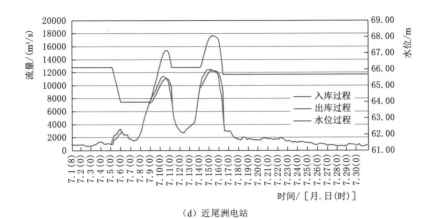

（d）近尾洲电站

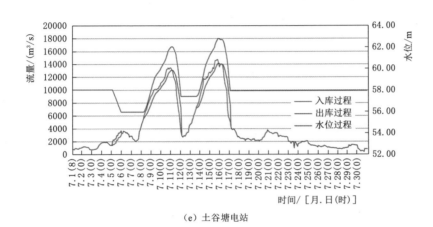

（e）土谷塘电站

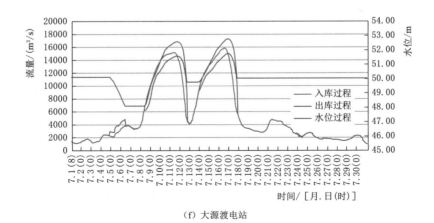

（f）大源渡电站

图 4-50（二）　2019 年 7 月 1—30 日支流水库预泄降低水位 1m
且干流径流式电站预泄降低水位 2m 模拟调度过程

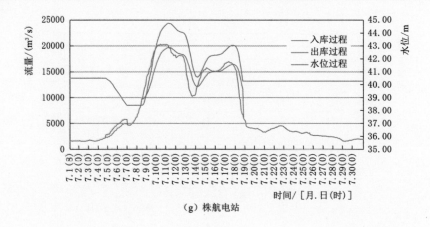

（g）株航电站

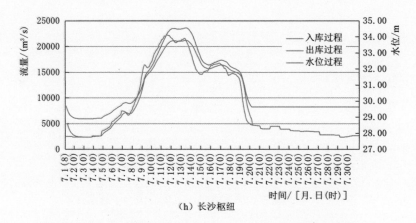

（h）长沙枢纽

图 4-50（三） 2019 年 7 月 1—30 日支流水库预泄降低水位 1m
且干流径流式电站预泄降低水位 2m 模拟调度过程

2019 年 7 月 1—30 日支流水库预泄降低水位 2m 且干流径流式电站预泄降低水位 3m
模拟调度过程如图 4-51 所示。

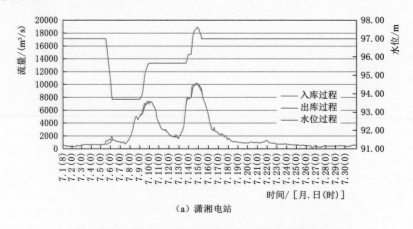

（a）潇湘电站

图 4-51（一） 2019 年 7 月 1—30 日支流水库预泄降低水位 2m
且干流径流式电站预泄降低水位 3m 模拟调度过程

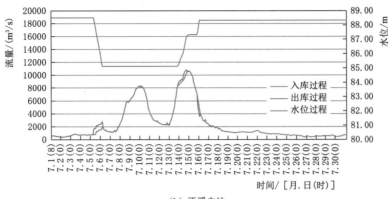

（b）浯溪电站

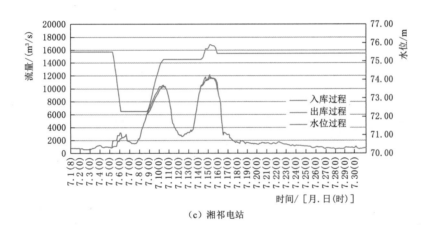

（c）湘祁电站

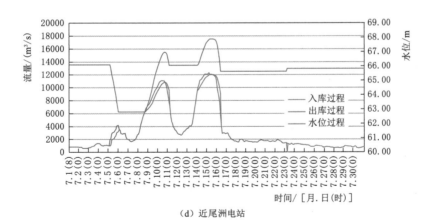

（d）近尾洲电站

图 4-51（二）　2019 年 7 月 1—30 日支流水库预泄降低水位 2m
且干流径流式电站预泄降低水位 3m 模拟调度过程

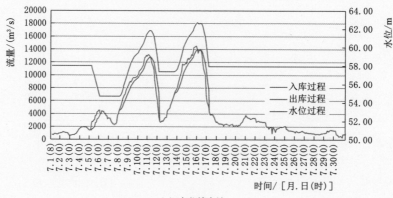

（e）土谷塘电站

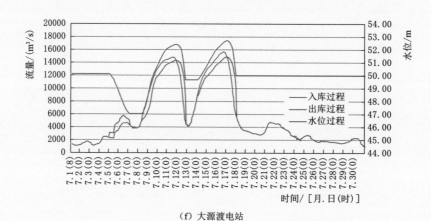

（f）大源渡电站

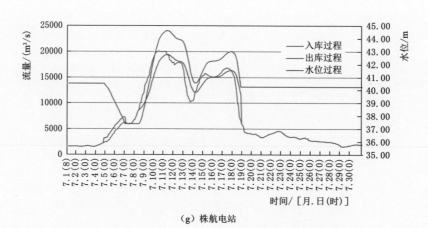

（g）株航电站

图 4-51（三）　2019 年 7 月 1—30 日支流水库预泄降低水位 2m
且干流径流式电站预泄降低水位 3m 模拟调度过程

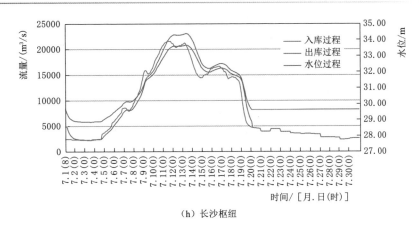

（h）长沙枢纽

图 4-51（四）　2019 年 7 月 1—30 日支流水库预泄降低水位 2m
且干流径流式电站预泄降低水位 3m 模拟调度过程

2019 年 7 月 1—30 日支流水库预泄降低水位 3m 且干流径流式电站预泄降低水位 4m
模拟调度过程如图 4-52 所示。

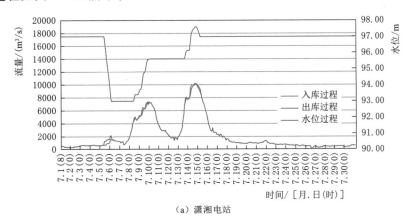

（a）潇湘电站

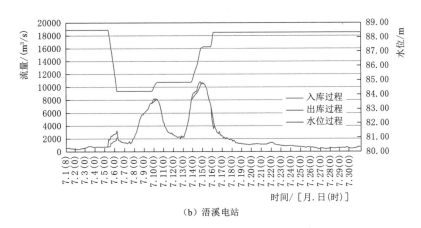

（b）浯溪电站

图 4-52（一）　2019 年 7 月 1—30 日支流水库预泄降低水位 3m
且干流径流式电站预泄降低水位 4m 模拟调度过程

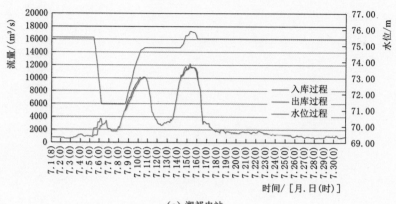

（c）湘祁电站

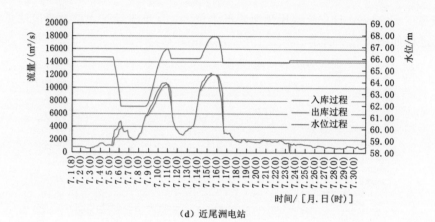

（d）近尾洲电站

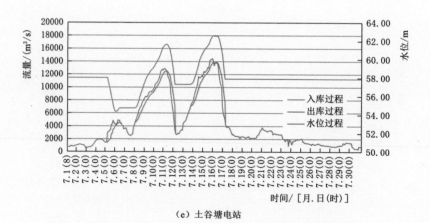

（e）土谷塘电站

图 4-52（二） 2019 年 7 月 1—30 日支流水库预泄降低水位 3m
且干流径流式电站预泄降低水位 4m 模拟调度过程

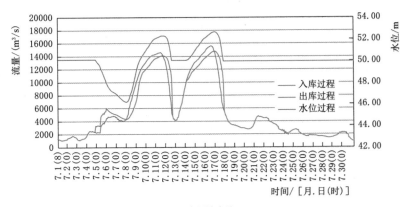

（f）大源渡电站

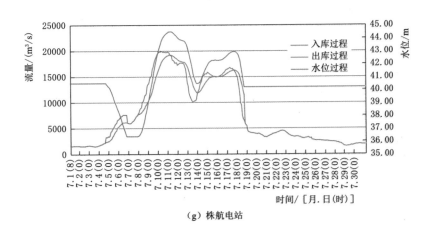

（g）株航电站

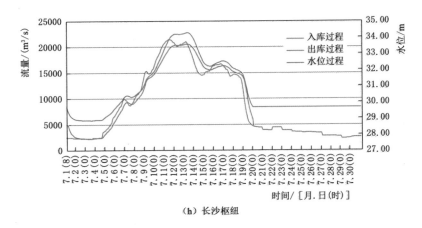

（h）长沙枢纽

图 4-52（三） 2019 年 7 月 1—30 日支流水库预泄降低水位 3m
且干流径流式电站预泄降低水位 4m 模拟调度过程

2019 年 7 月 1—30 日支流水库预泄降低水位 1m 且干流径流式电站预泄降至死水位模拟调度过程如图 4-53 所示。

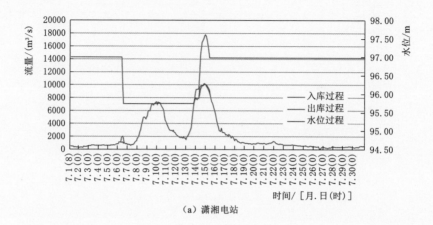

（a）潇湘电站

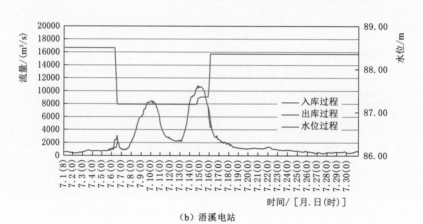

（b）浯溪电站

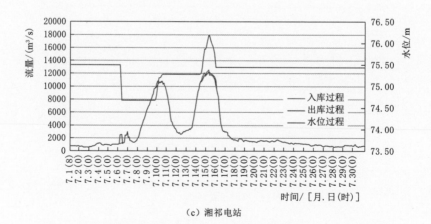

（c）湘祁电站

图 4-53 （一） 2019 年 7 月 1—30 日支流水库降低 1m 且干流径流式
电站降至死水位模拟调度过程

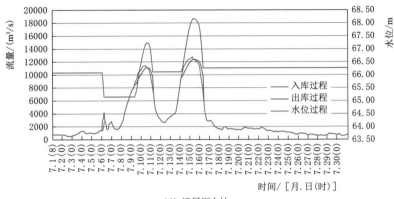

（d）近尾洲电站

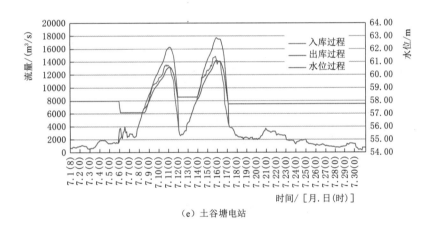

（e）土谷塘电站

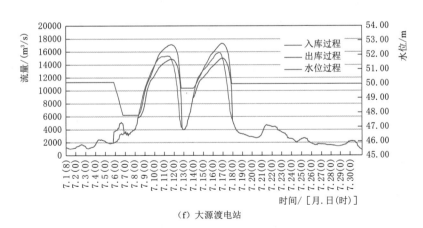

（f）大源渡电站

图 4-53（二） 2019 年 7 月 1—30 日支流水库降低 1m 且干流径流式
电站降至死水位模拟调度过程

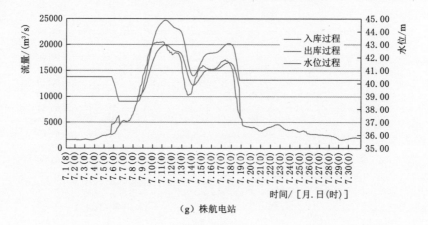

（g）株航电站

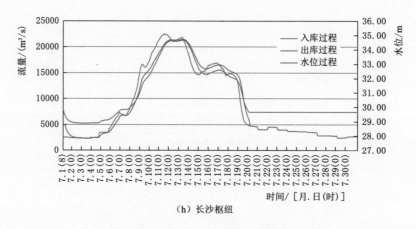

（h）长沙枢纽

图 4-53（三）　2019 年 7 月 1—30 日支流水库降低 1m 且干流径流式
电站降至死水位模拟调度过程

2019 年 7 月 1—30 日支流水库降低水位 2m 且干流径流式电站降至死水位模拟调度过
程如图 4-54 所示。

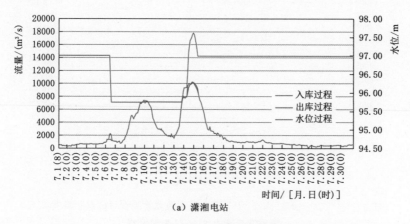

（a）潇湘电站

图 4-54（一）　2019 年 7 月 1—30 日支流水库降低 2m 且干流径流式
电站降至死水位模拟调度过程

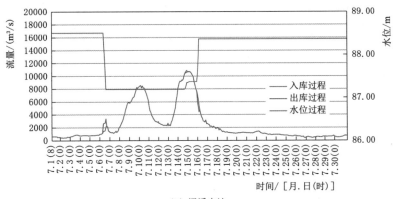

（b）浯溪电站

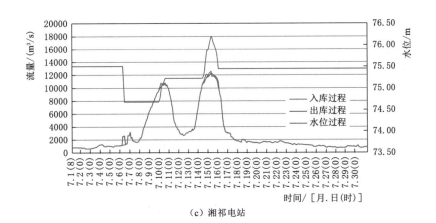

（c）湘祁电站

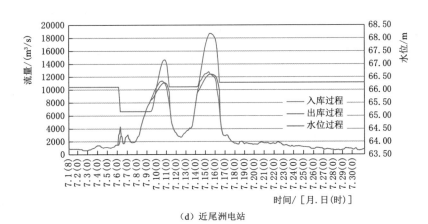

（d）近尾洲电站

图 4-54（二） 2019 年 7 月 1—30 日支流水库降低 2m 且干流径流式
电站降至死水位模拟调度过程

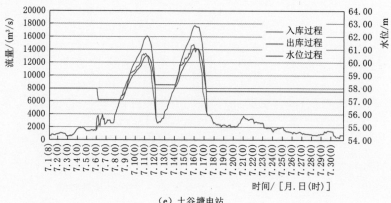

（e）土谷塘电站

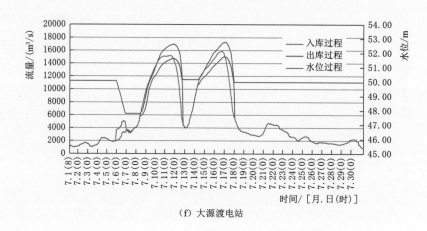

（f）大源渡电站

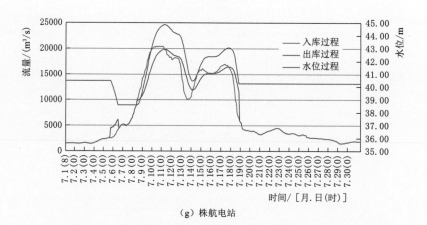

（g）株航电站

图 4-54（三）　2019 年 7 月 1—30 日支流水库降低 2m 且干流径流式
电站降至死水位模拟调度过程

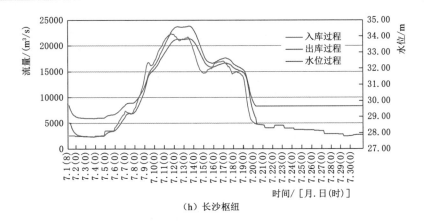

（h）长沙枢纽

图 4-54（四） 2019 年 7 月 1—30 日支流水库降低 2m 且干流径流式
电站降至死水位模拟调度过程

2019 年 7 月 1—30 日支流水库降低水位 3m 且干流径流式电站降至死水位模拟调度过
程如图 4-55 所示。

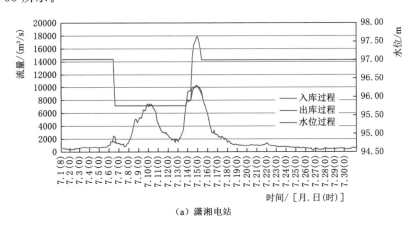

（a）潇湘电站

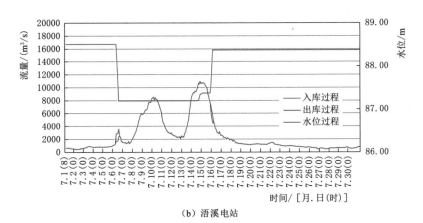

（b）浯溪电站

图 4-55（一） 2019 年 7 月 1—30 日支流水库预泄降低水位 3m
且干流径流式电站预泄降至死水位模拟调度

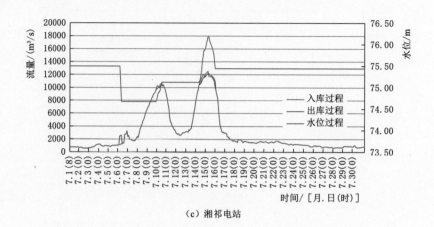

（c）湘祁电站

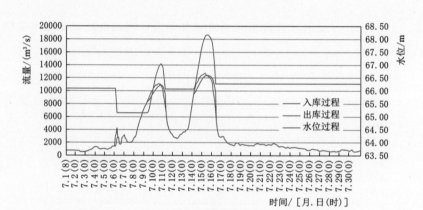

（d）近尾洲电站

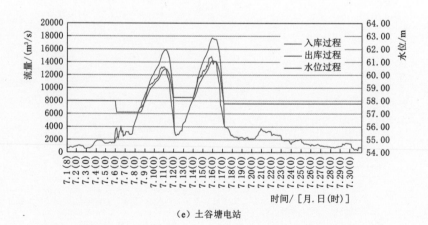

（e）土谷塘电站

图 4-55（二）　2019 年 7 月 1—30 日支流水库预泄降低水位 3m
且干流径流式电站预泄降至死水位模拟调度

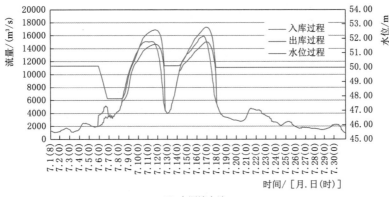

（f）大源渡电站

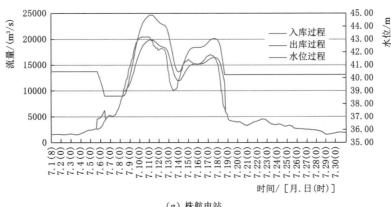

（g）株航电站

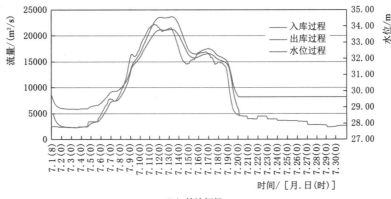

（h）长沙枢纽

图 4-55（三）　2019 年 7 月 1—30 日支流水库预泄降低水位 3m
且干流径流式电站预泄降至死水位模拟调度

4.3.9.3　调度效果

根据防洪挖潜优化调度模型计算，通过降水位 2～4m 预泄挖潜优化调度，2017 年、2019 年典型洪水，湘潭站削减洪峰流量为 1900～2700m³/s，降低水位 0.3～0.5m。2017 年 6 月 24 日—7 月 10 日各方案下湘潭站流量过程如图 4-56 所示。

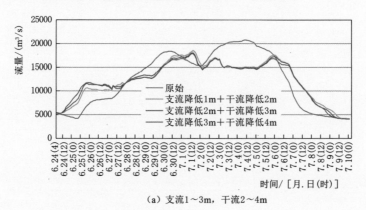

（a）支流 1～3m，干流 2～4m

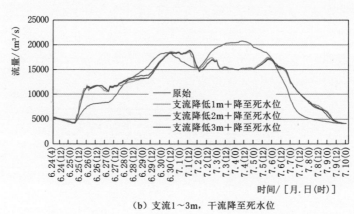

（b）支流 1～3m，干流降至死水位

图 4-56　2017 年 6 月 24 日—7 月 10 日各方案下湘潭站流量过程

若降低水位至死水位，2017 年、2019 年典型洪水，湘潭站削减洪峰流量为 1700～2500m³/s，降低水位 0.25～0.45m。2019 年 7 月 1—30 日各方案下湘潭站流量过程如图 4-57 所示。

4.3.10　干流梯级水库调研及预泄调度演练方案

2022 年 5 月中旬，湖南省水旱灾害防御事务中心组织湖南省水利水电勘测设计规划研究总院有限公司，开展了湘江干流梯级水库防洪调度现场调研，摸排了湘江干流梯级水库上下游岸坡、取水、航运、船舶、洲滩及泄洪预警设施等情况，在此基础上，提出湘江干流梯级电站防洪预泄调度演练方案。

1. 预泄水位

各梯级电站预泄初始水位取正常蓄水位，潇湘、浯溪、株航、大源渡正常蓄水位和死水位相差大于 1.00m，预泄水位按 1.00m 考虑，湘祁、近尾洲、土谷塘正常蓄水位和死水位相差小于 1m，预泄水位按 0.50m 考虑，预泄腾库共 2.1 亿 m³。

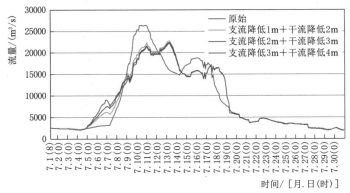

（a）支流1～3m，干流2～4m

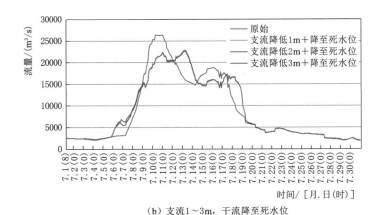

（b）支流1～3m，干流降至死水位

图4-57　2019年7月1—30日各方案下湘潭站流量过程

2．预泄次序及时间间隔

考虑各梯级洪水传播情况，干流梯级电站预泄应为由下游向上游逐级启动预泄。长沙枢纽位于湘江干流最下游梯级，坝址流量大于2400m³/s时，涨水期按固定泄量5000m³/s下泄，直至坝上下游水位平齐自然泄洪，按设计拟定的洪水调度方式进行调度。最先启动预泄的梯级为株航电站。长沙枢纽与株航协同调度，避免长沙枢纽库尾"翘尾巴"。

预泄时间间隔过短，会加重下游梯级的预泄压力，预泄时间间隔过长，则预泄效果难以保证，综合上下游梯级的预泄水位、洪水传播时间、泄洪预警时间等因素，各电站预泄时间间隔取2h为宜。

3．最大流量控制

为防止短时间内超大流量的产生，减轻预泄流量对下游河床的冲刷，预泄流量须控制在最大预泄流量值以内，各梯级电站预泄最大流量控制值见表4-11。

表4-11　　　　　　　　　　各梯级电站预泄最大流量控制值表

电　　站	潇湘	浯溪	湘祁	近尾洲	土谷塘	大源渡	株航
最大预泄流量值/（m³/s）	2500	3500	4000	5000	5500	6500	8500

4. 坝前水位降低速率

为确保库水位下降过程缓慢，避免库区垮坡塌陷、船只搁浅倾覆，预泄过程中，坝前水位降低速率不大于 0.2m/h。

5. 预泄历时

各梯级电站预泄时间间隔 2h，预泄时坝前水位降低速率控制在 0.2m/h 以内，株航—潇湘梯级电站从预泄启动到最后一梯级预泄结束，预泄历时约 20h。

综合上述分析，湘江干流梯级电站防洪预泄调度方案见表 4-12。

表 4-12　　　　　　　　　湘江干流梯级电站防洪预泄调度方案表

梯级名称	正常水位/m	死水位/m	正常库容/万 m³	死库容/万 m³	演练方案
长沙枢纽	29.70（坝前水位目前维持在 28.70 左右）	29.70	67500	67500	坝前水位目前维持在 28.70m 左右，按设计拟定的洪水调度方式进行调度，坝址流量大于 2400m³/s 时，涨水期按固定泄量 5000m³/s 下泄，直至坝上下游水位平齐自由泄洪
株航	40.50	38.80	47430	35270	降 1m（由 40.50m 降至 39.50m），水位降幅 0.2m/h，最大下泄流量为 8500m³/s
大源渡	50.00	47.80	45100	31700	降 1m，比株航晚开 2h，水位降幅 0.2m/h，最大下泄流量为 6500m³/s
土谷塘	58.00	57.50	19700	18300	降 0.5m，比大源渡晚开 2h，水位降幅 0.2m/h，最大下泄流量为 5500m³/s
近尾洲	66.00	65.10	15430	12940	降 0.5m，比土谷塘晚开 2h，水位降幅 0.2m/h，最大下泄流量为 5000m³/s
湘祁	75.50	74.80	16090	14380	降 0.5m，比近尾洲晚开 2h，水位降幅 0.2m/h，最大下泄流量为 4000m³/s
浯溪	88.50	87.50	17780	15600	降 1m，比湘祁晚开 2h，水位降幅 0.2m/h，最大下泄流量为 3500m³/s
潇湘	97.00	96.00	8500	7730	降 1m，比浯溪晚开 2h，水位降幅 0.2m/h，最大下泄流量为 2500m³/s

6. 预泄影响调查

预泄期间各梯级电站及库区防汛部门应密切关注电站预泄对沿岸城镇水厂取水、库区岸坡稳定、船只通航和船舶停靠等的不利影响，以及泄洪预警设施启用情况，并做好相关的后期调查工作。

7. 预泄效果跟踪

水文等部门对冷水滩、归阳、衡阳、衡山、湘潭、长沙等重要控制断面水位、流量的预报和实测值进行对比，对预泄效果进行跟踪，并及时优化预泄相关参数。

4.3.11　调度效果研究

结合 2006 年、2007 年、2017 年、2019 年等上、中、下游型典型洪水调度成果看，遇超标准洪水时，支流涔天河、双牌、水府庙、欧阳海等大型水库预泄水位在汛限水位的基础上降低 1～3m 为宜。遇 2017 年、2019 年等超标准洪水，考虑支流大型水库预泄调度后，干流径流式电站坝前水位在正常蓄水位基础上降低对下游防洪有一定效果，但降低 3～4m 的效果与降低 1～2m 的效果相差不明显，且对库区取水口取水（调研的设计取水高程一般在死水位附近）、库岸稳定、船舶停靠、船只通航等的负面影响会加大，故湘江干流径流式电站预泄水位建议控制在死水位左右为宜。

第 5 章　洞庭湖区洪水演进及分蓄洪关键技术

5.1　洞庭湖区防洪调度研究目标与任务

5.1.1　研究目标

　　四水上游水库群调度改变了河道原有来流过程，减轻了洞庭湖区防洪压力。本次通过完善洞庭湖区洪水演进及分蓄洪模型，模拟四水水库典型年实际调度、优化联调及洞庭湖蓄滞洪区启用等因素下的不利洪水工况，分析汛期水库调度、蓄滞洪区启用前后外河控制点水位、时段洪量等指标变化，量化水库群联调、蓄滞洪区启用对防洪的影响，为区域防洪减灾决策服务。

5.1.2　研究任务

　　研究任务主要为：①基于洞庭湖水下地形、河道断面等诸多因素，构建洞庭湖复杂河网水系区的洪水演进及分蓄洪模型，完成模型率定校正；②根据现行《湖南省洞庭湖区防御洪水方案》并结合蓄洪垸现状拟定超标洪水分蓄洪计算方案，分析方案分蓄洪效果及超额洪量变化；③研究分析四水上游水库群联合调度后对四水尾闾及洞庭湖防洪的影响。

5.2　洞庭湖区洪水演进及分蓄洪模型构建

　　洞庭湖区洪水演进及分蓄洪模型为一维二维耦合水动力模型，长江、湘江、资水、沅江、澧水及四口河系采用一维河网模型，洞庭湖湖盆采用二维模型，蓄洪垸采用水库模式（水位-库容关系）接入模型。计算基本方程为水流连续方程与水流运动方程，数值模型算法包括一维显隐结合分块三级河网隐式差分算法和二维有限体积高性能差分算法。

5.2.1　基本方程

　　1. 一维基本方程组

　　采用完全圣维南方程组描述一维河道洪水波的运动，即

$$B\frac{\partial Z}{\partial t} + \frac{\partial Q}{\partial x} = q \tag{5-1}$$

$$\frac{\partial Q}{\partial t} + \frac{\partial}{\partial x}\left(\beta\frac{Q^2}{A}\right) + gA\left(\frac{\partial Z}{\partial x} + S_f\right) = 0 \tag{5-2}$$

式中：Z 为水位；Q 为流量；A 为过水面积；B 为水面宽度；β 为动量修正系数；S_f 为摩阻坡降，采用曼宁公式计算；q 为旁侧入流。

　　水位、流速是断面平均值，当水流漫滩时，平均流速与实况有差异，为了使水流漫滩后，计算断面过水能力逼近实际过水能力，需引进动量修正系数 β，β 的数值为[63]

$$\beta = \frac{A}{K^2} \sum_i \frac{K_i^2}{A_i} \qquad (5-3)$$

其中

$$K_i = \frac{1}{n} A_i R_i^{\frac{2}{3}}$$

式中：A_i 为断面第 i 部分面积；A 为断面过水面积，$A = A_1 + A_2 + \cdots + A_n$；$K_i$ 为第 i 部分的流量模数；n 为曼宁系数；K 为断面流量模数，$K = K_1 + K_2 + \cdots + K_n$。

2. 二维浅水方程组

为了保证格式的守恒性，以及适用于含间断或陡梯度的流动，采用二维非恒定浅水方程组的守恒形式，即

$$\frac{\partial W}{\partial t} + \frac{\partial F(W)}{\partial x} + \frac{\partial G(W)}{\partial y} = D(W) \qquad (5-4)$$

其中

$$W = \begin{bmatrix} h \\ hu \\ hv \end{bmatrix} \quad F = \begin{bmatrix} hu \\ hu^2 + \dfrac{gh^2}{2} \\ huv \end{bmatrix} \quad G = \begin{bmatrix} hu \\ huv \\ hv^2 + \dfrac{gh^2}{2} \end{bmatrix} \quad D = \begin{bmatrix} q \\ gh(S_0^x - S_f^x) \\ gh(S_0^y - S_f^y) \end{bmatrix}$$

式中：W 为守恒物理量；F 为 x 向通向量；G 为 y 向通向量；D 为源项向量；h 为水深；u 和 v 为 x 和 y 方向垂线平均的水平流速分量；g 为重力加速度；q 为单元旁侧入流；S_0^x 和 S_0^y 为 x 和 y 方向的水底底坡；S_f^x 和 S_f^y 为 x 和 y 方向的摩阻坡度。

水底底坡定义为

$$(S_0^x, S_0^y) = \left(-\frac{\partial Z_b}{\partial x}, -\frac{\partial Z_b}{\partial y} \right) \qquad (5-5)$$

式中：Z_b 为水底高程。

摩阻坡度定义为

$$(S_f^x, S_f^y) = \frac{n^2 \sqrt{u^2 + v^2}}{h^{\frac{4}{3}}} (u, v) \qquad (5-6)$$

式中：n 为曼宁糙率系数。

5.2.2 计算方法

5.2.2.1 显隐结合分块三级河网算法

对于基于圣维南方程组的一维非恒定流模型，四点隐式差分因其数值稳定性和守恒性好以及可显式求解计算效率高等优点，成为成熟实用的主流算法[64]。一维河网算法的发展始终围绕如何降低节点系数矩阵的阶数，以提高运算效率这一主线而展开，目前广泛采用三级算法[65-67]。显隐结合分块三级河网算法的原理如下：首先将河段内相邻两断面之间的每一微段上的圣维南方程组离散为断面水位和流量的线性方程组（直接求解称为一级算法），通过河段内相邻断面水位与流量的线性关系和线性方程组的自消元，形成河段首、末断面以水位和流量为状态变量的河段方程（其求解称为二级算法）；再利用汊点相容方程和边界方程，消去河段首、末断面的某一个状态变量，形成节点水位（亦可流量）的节点方程组，对其求解称之为河网三级算法[68]。通过模型分块及模块之间的显式衔接，最终形成一维显隐结合的分块三级河网算法。

（1）Preissmann 隐式差分格式及离散方程。对一维基本方程采用四点加权 Preissmann 隐式差分格式，即

$$\frac{\partial f}{\partial t} = \frac{f_{i+1}^{n+1} + f_i^{n+1} - f_{i+1}^n - f_i^n}{2\Delta t} \tag{5-7}$$

$$\frac{\partial f}{\partial x} = \theta \frac{f_{i+1}^{n+1} - f_i^{n+1}}{\Delta x_i} + (1-\theta) \frac{f_{i+1}^n - f_i^n}{\Delta x_i} \tag{5-8}$$

$$f = \frac{1}{4}(f_{i+1}^{n+1} + f_i^{n+1} + f_{i+1}^n + f_i^n) \tag{5-9}$$

对式 (5-1)、式 (5-2) 进行离散，通过推导，最终离散方程为

$$\begin{cases} -Q_i^{n+1} + C_i Z_i^{n+1} + Q_{i+1}^{n+1} + C_i Z_{i+1}^{n+1} = D_i \\ E_i Q_i^{n+1} - F_i Z_i^{n+1} + G_i Q_{i+1}^{n+1} + F_i Z_{i+1}^{n+1} = \Psi_i \end{cases} \tag{5-10}$$

其中

$$C_i = \frac{\Delta x_i B}{2\Delta t \theta}$$

$$D_i = \frac{\Delta x_i B}{2\Delta t \theta}(Z_{i+1}^n + Z_i^n) + \frac{\theta-1}{\theta}(Q_{i+1}^n - Q_i^n) + \frac{q}{\theta}$$

$$E_i = \frac{\Delta x_i}{2\Delta t \theta} - \left(\frac{\beta Q}{A}\right)_i^n + g\tilde{A}\frac{|Q|\Delta x_i}{4K^2\theta}$$

$$F_i = g\tilde{A}$$

$$G_i = \frac{\Delta x_i}{2\Delta t \theta} + \left(\frac{\beta Q}{A}\right)_i^n + g\tilde{A}\frac{|Q|\Delta x_i}{4K^2\theta}$$

$$\Psi_i = \frac{\Delta x_i}{2\Delta t \theta}(Q_{i+1}^n + Q_i^n) - \frac{1-\theta}{\theta}\left[\left(\frac{\beta Q^2}{A}\right)_{i+1}^n - \left(\frac{\beta Q^2}{A}\right)_i^n\right]$$
$$- g\tilde{A}\frac{|Q|\Delta x_i}{4K^2\theta}(Q_{i+1}^n + Q_i^n) - g\tilde{A}\frac{1-\theta}{\theta}(Z_{i+1}^n + Z_i^n)$$

（2）河网算法。在河网模型中，相邻两节点之间的单一河道定义为河段，河段内两个计算断面之间的局部河段为微段[69]。一个河段可以含有一至多个微段。微段是计算中的基本单元，其数目取决于计算精度和计算效率之间的平衡。如果河网的断面总数为 N_s，河段数为 N_r，汊点数为 N_j，边界点数为 N_b，则该河网含有 $N_s - N_r$ 个微段，需要求解的未知数是各断面上的水位和流量共 $2N_s$ 个，相应需要 $2N_s$ 个独立方程。在河网中微段方程总数为 $2(N_s - N_r)$ 个，汊点连接方程总数为 $(2N_r - N_b)$ 个，边界点方程数为 N_b 个，以上三类方程的总数为 $2N_s$ 个，等于未知数的个数，因此可以联合求解。但由于微段方程个数多，增大了矩阵的尺度，同时扩大了连接方程的分散度，从而使计算效率降低。如前所述，以微段方程式 (5-10) 直接求解的方法，通常称为一级算法。若对微段方程通过变量替换方法分析，即

$$S_{i+1}^{n+1} = U_i S_i^{n+1} + u_i \tag{5-11}$$

式中：$i+1$ 和 i 为断面号；$n+1$ 为时间步；S 为状态量，$S = (Z, Q)^T$；U_i 为变换系数矩阵；u_i 为列向量。

由式 (5-11) 最终可以形成只包含河段首断面的水位、流量和未断面水位、流量的

关系式，称为河段方程。在河网中可以列出河段方程 $2N_r$ 个，再加上（$2N_r - N_b$）个汊点连接方程和 N_b 个边界方程共 $4N_r$ 个，恰好等于河段未知数的个数，因此可以独立解出河段首尾断面的未知量，这就是二级算法。如将河段方程组进行一次自相消元，就可以得到 1 对以水位或流量为隐函数的方程组，再将此方程组代入相应的汊点连接方程和边界方程，消去其中的水位或者流量，则剩余的 $2N_r$ 个方程就只有 $2N_r$ 个未知的流量变量或水位变量，可以独立求解，此法被称为三级算法。该算法的特点是：所形成的矩阵只包含汊点连接方程和边界方程，矩阵规模小，计算稳定好，运算效率高。

1）汊点连接方程。以首断面流量表示的首、末断面水位关系式为

$$Q_i = \alpha_i + \beta_i Z_i + \xi_i Z_n \qquad (5-12)$$

其中

$$\alpha_i = \frac{Y_1(\Psi_i - G_i \alpha_{i+1}) - Y_2(D_i - \alpha_{i+1})}{Y_1 E_i + Y_2}$$

$$\beta_i = \frac{Y_2 C_i + Y_1 F_i}{Y_1 E_i + Y_2}$$

$$\zeta_i = \frac{\zeta_{i+1}(Y_2 - Y_1 G_i)}{Y_1 E_i + Y_2}$$

$$Y_1 = C_i + \beta_{i+1}$$

$$Y_2 = F_i + G_i \beta_{i+1} \quad (i = n-1, \ n-2, \cdots, 1)$$

以末断面流量表示的首、末断面的水位关系式为

$$Q_i = \theta_{i-1} + \eta_{i-1} Z_i + \gamma_{i-1} Z_1 \qquad (5-13)$$

其中

$$\theta_i = \frac{Y_2(D_i + \theta_{i-1}) - Y_1(\Psi_i - E_i \theta_{i-1})}{Y_2 - Y_1 G_i}$$

$$\eta_i = \frac{Y_1 F_i - Y_2 C_i}{Y_2 - Y_1 G_i}$$

$$\gamma_i = \frac{(Y_2 + Y_1 E_i) \gamma_{i-1}}{Y_2 - Y_1 G_i}$$

$$Y_1 = C_i - \eta_{i-1}$$

$$Y_2 = E_i \eta_{i-1} - F_i \quad (i = 2, \ 3, \cdots, n)$$

a. 流量衔接方程。进出每一汊点的流量必须与该汊点内实际水量的增减率相平衡，即

$$\sum Q_i = \frac{\partial \Omega}{\partial t} \qquad (5-14)$$

式中：Ω 为汊点蓄水量。

若该汊点不考虑蓄量变化则 $\dfrac{\partial \Omega}{\partial t} = 0$，则

$$\sum Q_i = 0 \qquad (5-15)$$

b. 动力衔接方程。汊点各汊道断面的水位和流量与汊点平均水位之间的水力联系，

必须符合动力衔接条件，其处理的方法有两种。一种是如果汊点可以概化为一个几何点，出入各汊道的水流平缓，不存在水位突变的情况，则各汊道断面的水位应相等，即

$$H_i = H_j = \cdots = \overline{H} \tag{5-16}$$

另一种是考虑断面的过水面积相差悬殊，流速有较明显的差别，但仍属缓流情况，如略去汊点局部损失时，则按照 Bernoulli 方程，各断面之间的能头 E_i 应相等，即

$$E_i = H_i + \frac{U_i^2}{2g} = H_j + \frac{U_j^2}{2g} = \cdots = E \tag{5-17}$$

将上述式（5-15）、式（5-16）、式（5-17）代入式（5-13）和式（5-14）形成河网汊点连接方程。

2）边界方程。与边界节点相连的河段称为外河段。外河段中各微段离散方程结合边界已知入流条件，通过消元和替代形成河段追赶方程，称边界方程。

若以流量为入流边界，令 $P_1 = Q(t)$，$V_1 = 0$，则追赶方程为

$$
\begin{aligned}
Q_1 &= P_1 - V_1 Z_1 \\
Z_1 &= S_1 - T_1 Z_2 \\
Q_2 &= P_2 - V_2 Z_2 \\
Z_2 &= S_2 - T_2 Z_3 \\
&\cdots \\
Q_{n-1} &= P_{n-1} - V_{n-1} Z_{n-1} \\
Z_{n-1} &= S_{n-1} - T_{n-1} Z_n \\
Q_n &= P_n - V_n Z_n
\end{aligned} \tag{5-18}
$$

递推系数为

$$S_i = \frac{G_i D_i - \Psi_i + (E_i + G_i) P_i}{F_i + G_i C_i + (E_i + G_i) V_i}$$

$$T_i = \frac{G_i C_i - F_i}{F_i + G_i C_i + (E_i + G_i) V_i}$$

$$P_{i+1} = \frac{\Psi_i + E_i D_i + (F_i - E_i C_i) S_i}{E_i + G_i}$$

$$V_{i+1} = \frac{F_i + E_i C_i + (F_i - E_i C_i) T_i}{E_i + G_i}$$

通过追赶方程得到该河段末断面的水位与流量关系式，当末断面的水位求得后，再次利用追赶方程回代，解出该河段各断面的水位与流量值。

若以水位为边界，同样可以得出类似的追赶方程。

5.2.2.2　二维有限体积高性能差分算法

在二维浅水流动计算中，常遇到如何处理复杂边界形状一级计算区域内有堤防、公路、铁路等天然分界这类问题。采用任意三角形或四边形剖分网格剖分可以较好的拟合二维计算区域地形和流场，有限体积高性能差分算法基于无结构网格，保证了水量动量的守恒性。

采用有限体积法求解守恒形式的二维浅水方程组，即对方程组在计算时段 $\Delta t = t_{n+1} - t_n$ 和单元面积上积分，再把时段初空间导数项的面积分用格林公式化作沿单元周边的围线积分，在面积分和围线积分中被积函数设为常值分布，取单元形心处的值，建立每一单元 FVM 方程组，进行逐单元水量、动量平衡计算。其中单元间界面流量通量、动量

通量采用具有特征逆风性的高性能 Osher 格式计算[70-71]。

采用有限体积法进行水沙数值模拟，其实质是逐单元进行水量、动量和沙量平衡计算，物理意义清晰，准确满足积分形式的守恒律，成果无守恒误差，能处理含间断或陡梯度的流动[72]。

对单元 i，以单元平均的守恒物理量构成状态向量 $W_i = (h_i, h_iu_i, h_iv_i)^T$。在时间 t_n，通过其第 k 边沿法向输出的通量记为 $FN_{ij}(W_i, W_j)$，FN_{ij} 的三个分量分别表示沿该边外法向 N 输出的流量、N 方向动量和 T 方向动量，N 与 T 构成右手坐标系。

采用网元中心格式，控制体与单元本身重合，即将流动变量定义在单元形心，在每一单元内水位、水深和流速均为常数分布，水底高程也采用单元内的平均底高。记 Ω_i 为单元的域，$\partial \Omega_i$ 为其边界。利用格林公式，可得式（5-4）的有限体积近似为

$$A_i \frac{dW_i}{dt} + \int_{\partial \Omega_i} (F\cos\varphi + G\sin\varphi)dl = A_i \overline{D_i} \tag{5-19}$$

式中：A_i 为单元 Ω_i 的面积；$(\cos\varphi, \sin\varphi)$ 为 $\partial \Omega_i$ 的外法向单位向量；dl 为线积分微元；$\overline{D_i}$ 为非齐次项在单元 Ω_i 上的某种平均。

如上所述，记 $F_N = F\cos\varphi + G\sin\varphi$ 为跨单元界面的法向数值通量，时间积分采用显式前向差分格式，那么，式（5-19）可以离散化为

$$A_i \frac{W_i^{n+1} - W_i^n}{\Delta t} + \sum_j F_{Nij}l_{ij} = A_i \overline{D_i} \tag{5-20}$$

式中：j 为单元 i 的相邻单元的编号；l_{ij} 为单元 i 和 j 界面边长。

二维有限体积算法的核心是如何计算法向数值通量 F_N。

5.2.3　模型构建

1. 模拟范围

模型构建的模拟计算范围较广，上始宜昌下至汉口，包括注入长江干流的重要支流和洞庭湖区。模型周边控制断面选取如下：

（1）长江干流段。长江干流段上控制断面为宜昌，下控制断面为汉口，包括汇入长江的主要支流即清江、沮漳河、陆水、汉江等，以有水文站的断面为控制断面。

（2）洞庭湖区。洞庭湖区以荆江四口及洞庭湖四水尾闾监测断面为控制断面。湘江以湘潭站为入流断面，资水取桃江站断面，沅江为桃源站断面，澧水用石门站断面。

（3）考虑主要蓄滞洪区（钱粮湖、共双茶、大通湖东、民主、澧南、西官、围堤湖、城西、建设、九垸、屈原、江南陆城、建新）与一般垸（畔山洲、净下洲、宪成、青潭、弓管子、永胜、新胜、樟树港、文径港、苏蓼、毛家桥、新桥河上、花果山、木塘、新洲下）。

2. 模型结构

模型包括长江干流宜昌—螺山、螺山—汉口、松虎河系、藕池河系和洞庭湖四水尾闾五大模块，模块之间采用显式连接形成整体模型。这种模型构架基于如下考虑：①方便对不同子模块采用不同的数值计算方法，有助于提高整体模型模拟精度，并使模型更符合实际水流特征；②模型分块，使之相对独立，便于规划方案修改及组织数据；③经过划分，可形成阶数较小的求解矩阵；④模型结构清晰，层次分明，提高模型运算效率；⑤增强适应不同空间尺度和各种复杂边界条件的模拟能力。

（1）长江干流宜昌—螺山模块，以宜昌入流为上边界，螺山水位或水位流量关系为下边界，沿程有松滋、太平、藕池三口分流和清江、沮漳河、城陵矶汇流。

（2）以螺山为入流边界的螺山—汉口模块主要考虑陆水、潜江、汉江水量的汇入。

（3）以松滋口、太平口和澧水津市为入流条件，目平湖水位为下边界的松虎模块和以藕池口为入流条件，东、南洞庭湖水位为下边界的藕池模块为河网计算模块。

（4）东、南、西洞庭湖作为二维模拟计算模块。以三口分流洪道和湘、资、沅三水的流量资料为湖泊的进水条件，城陵矶（莲花塘）水位为下边界的二维湖泊计算模块。

5.2.4　模型率定与验证

为保证模型计算的准确性、真实性，以 2017 年实测地形为基础，对 2017 年水文数据进行率定，并对 2016 年水文数据进行验证，率定与验证范围为长江干流河段（宜昌—汉口）、四水尾闾（四水控制站以下）与洞庭湖区的主要控制站。

率定时间为 2017 年 6 月 1 日—8 月 31 日，验证时间为 2016 年 6 月 1 日—8 月 31 日，时长均为 2208h。

从水位流量率定验证结果可以看出，计算结果较好反映了洪水过程，峰谷对应、涨落一致、洪峰水位较好吻合。各控制站水位率定与验证误差范围在 0.30m 以内，并且计算水位误差在 0.20m 以内的站点数占测验站总数的 61%。说明所建模型和所选参数较好地模拟了长江中下游水位过程情况，各环节技术处理合理，具有较高的准确性。

5.2.4.1　长江干流河段

长江干流河段选取枝城、沙市、螺山三站进行率定与验证，结果如图 5-1～图 5-6 所示。

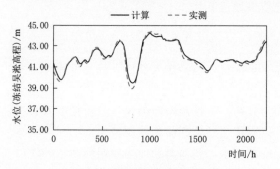

图 5-1　枝城站水位过程率定

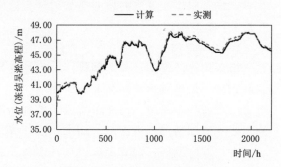

图 5-2　枝城站水位过程验证

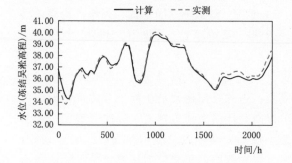

图 5-3　沙市站水位过程率定

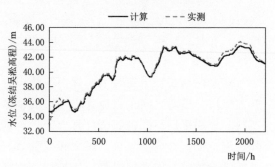

图 5-4　沙市站水位过程验证

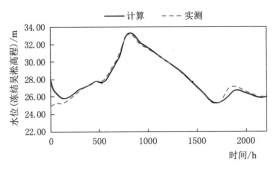

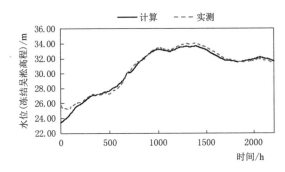

图 5-5 螺山站水位过程率定　　　　　图 5-6 螺山站水位过程验证

图 5-1～图 5-6 展示了长江干流河段（宜昌—汉口）主要控制站计算与实测水位过程。由图可知，各站计算值与实测值高水位时段符合较好，能够反映长江干流河段实际情况。

5.2.4.2 四水尾闾

四水尾闾选取长沙、益阳、常德、津市站进行率定与验证，结果如图 5-7～图 5-14 所示。

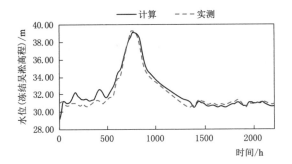

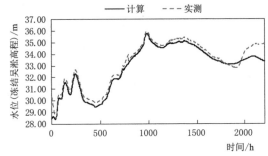

图 5-7 长沙站水位过程率定　　　　　图 5-8 长沙站水位过程验证

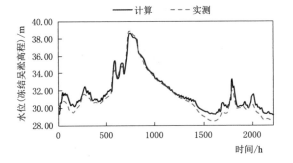

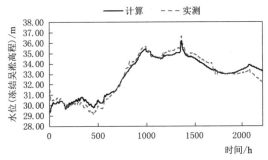

图 5-9 益阳站水位过程率定　　　　　图 5-10 益阳站水位过程验证

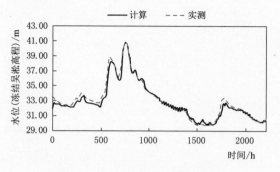

图 5-11　常德站水位过程率定

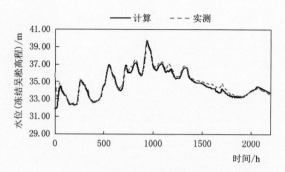

图 5-12　常德站水位过程验证

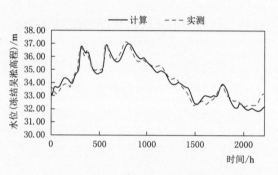

图 5-13　津市站水位过程率定

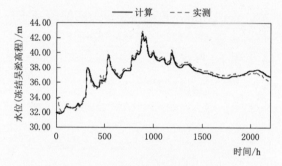

图 5-14　津市站水位过程验证

图 5-7～图 5-14 展示了四水河段（四水控制站以下）主要控制站计算与实测水位过程。由图可知，各站计算值与实测值高水位时段符合较好，能够反映四水河段实际情况。

5.2.4.3　洞庭湖区

洞庭湖区选取南嘴、小河咀、石龟山、鹿角、城陵矶（七里山）进行率定与验证，结果如图 5-15～图 5-24 所示。

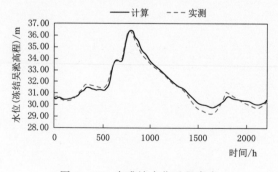

图 5-15　南嘴站水位过程率定

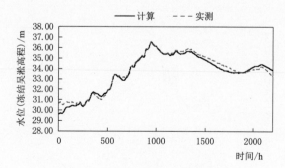

图 5-16　南嘴站水位过程验证

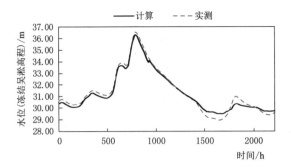

图 5-17　小河咀站水位过程率定

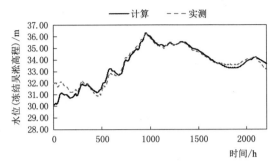

图 5-18　小河咀站水位过程验证

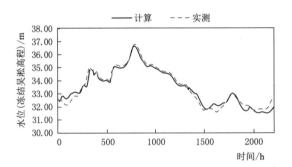

图 5-19　石龟山站水位过程率定

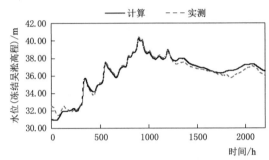

图 5-20　石龟山站水位过程验证

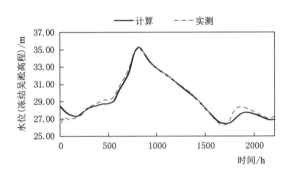

图 5-21　鹿角站水位过程率定

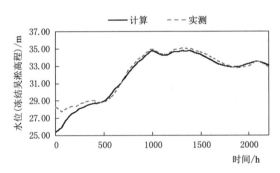

图 5-22　鹿角站水位过程验证

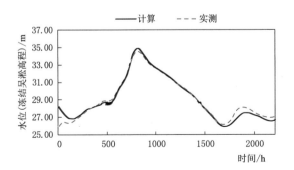

图 5-23　城陵矶（七里山）站水位过程率定

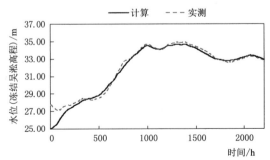

图 5-24　城陵矶（七里山）站水位过程验证

图 5-15～图 5-24 展示了洞庭湖区主要控制站计算与实测水位过程。由图可知，各站计算值与实测值高水位时段符合较好，能够反映洞庭湖区实际情况。

由长江干流河段、四水尾闾与洞庭湖区主要控制站的率定与验证结果得出，以此模型研究湖南省洞庭湖区水情变化是合适的。

5.3 模拟计算方案

5.3.1 典型年洪水选取

根据历史洪水特点，解放后至今四水及洞庭湖主要洪水年份有 1954 年、1995 年、1996 年、1998 年、1999 年、2002 年、2003 年、2014 年、2017 年等。各典型年洪水遭遇特点见表 5-1。

表 5-1 各典型年洪水遭遇特点

典型年	洪水遭遇特点
1954	湘、资、沅、澧和长江洪水遭遇
1995	资水和沅江洪水遭遇
1996	资水和沅江洪水遭遇
1998	湘、资、沅、澧和长江洪水遭遇
1999	沅江和长江洪水遭遇
2002	资水和长江洪水遭遇
2003	澧水洪水
2014	沅江洪水
2017	湘、资、沅洪水遭遇

典型年应尽量针对四水单一洪水及四水组合洪水情况进行选取，洪水组合中应选取更不利组合工况，同时尽量选取当年洪峰流量与洪量更大的典型年。

根据表 5-1 中洪水遭遇特点，经分析典型年选取如下：

（1）2017 年为湘、资、沅洪水遭遇，因资水、沅江未超控制水位，仅湘水具有典型性，故湘水选取 2017 年计算工况。

（2）因 1995 年与 1996 年均为资水和沅江洪水遭遇，且 1996 年资水水位更高，具有典型性，故资水选取 1996 年计算工况。

（3）因 2014 年为单一沅江洪水，具有典型性，故沅江选取 2014 年计算工况。

（4）因 2003 年为单一澧水洪水，具有典型性，故澧水选取 2003 年计算工况。

（5）因 1954 年为湘、资、沅、澧和长江洪水遭遇，洪水入湖组合流量和洪量大，具有典型性，故洞庭湖区选取 1954 年计算工况。

（6）因 1998 年为湘、资、沅、澧和长江洪水遭遇，城陵矶水位为历史最高，同时四水上游水库群实际调度效果较为明显，具有典型性，故四水水库联调效果分析选取 1998 年计算工况。

5.3.2 蓄滞洪区启用原则
5.3.2.1 基本原则

（1）先重要后一般原则。对于国家级蓄滞洪区，先启用重要蓄滞洪区，再启用一般蓄滞洪区。

（2）具备分蓄洪条件的堤垸优先启用原则。蓄洪安全建设工程相对完善的堤垸应优先启用。

（3）先上游后下游原则。根据洪水来源，优先启用洪水上游蓄洪垸再启用下游蓄洪垸。

（4）先小后大原则。优先启用人口财产相对较少、分洪损失较小的蓄洪垸。

5.3.2.2　蓄洪垸数量和顺序的确定

1. 长江或长江与洞庭湖水系组合发生洪水情况

当长江或长江与洞庭湖水系组合发生洪水，且三峡水库对城陵矶地区的防洪补偿调度库容用完，预报城陵矶水位仍将达到34.40m并继续上涨时，首先启用城陵矶附近区规划分蓄100亿m³超额洪量的蓄滞洪区，根据湖南湖北对等原则，即启用共双茶、大通湖东、钱粮湖3个蓄洪垸和洪湖东分块；若洪水继续上涨，则湖南省启用澧南、西官、围堤湖、民主、城西、建新垸（因建设垸分洪口门位于建新垸侧，故建设垸排建新垸后）、建设垸、九垸、屈原、江南陆城等其余10处重要和一般蓄滞洪区，湖北省启用洪湖中分块分洪。

2. 四水及洞庭湖发生洪水情况

（1）城陵矶附近区（含东洞庭湖）蓄洪垸。位于城陵矶附近区的重要和一般蓄洪垸有钱粮湖垸、共双茶垸、大通湖东垸、建设、建新、江南陆城、屈原等7个。当洞庭湖水系发生洪水，三峡水库对城陵矶地区的防洪补偿调度库容用完后，预报城陵矶水位仍将达到34.40m并继续上涨，拟依次启用共双茶、大通湖东、钱粮湖、建新（因建设垸分洪口门位于建新垸侧，故建设垸排建新垸后）、建设、屈原、江南陆城垸等7个蓄洪垸分蓄洪水。

（2）湘江尾闾地区蓄洪垸。位于湘江尾闾地区的重要蓄滞洪区有城西垸，根据《湖南省洞庭湖区防御洪水方案》，当长沙站水位达到39.00m，并预报仍将继续上涨，且长沙市城区或烂泥湖垸危急时，应先启用翻身外垸、樟树港垸、文径港垸、石牛垸、乌龟冲垸、洋沙湖垸、翻身垸、苏蓼垸等8个一般垸，再启用城西垸分蓄洪。

根据调查：洋沙湖已开发为国际旅游度假区，经济规模已经远超一般堤垸，不宜再蓄洪；翻身外垸现已查无此垸；翻身垸已列入城市规划范围，蓄洪损失大；根据堤垸分布，石牛垸位于支流白水江边，蓄洪对于湘江干流作用不大；乌龟冲垸位于城西垸下游且蓄洪容积较小，对于研究城西垸的蓄洪效果作用不大。故本次不参与上述5个一般垸的蓄洪计算。蓄洪垸启用顺序为先启用苏蓼垸、樟树港垸、文径港垸等3个一般垸，再启用城西垸蓄洪。

（3）资水尾闾地区蓄洪垸。位于资水尾闾地区的重要蓄滞洪区有民主垸，根据《湖南省洞庭湖区防御洪水方案》，当益阳站水位达到39.00m，并预报仍将继续上涨，且益阳市城区、长春垸或烂泥湖垸危急时，应先启用半边山、毛家桥、半稼山、牛潭河垸、新桥河上垸、花果山垸等6个一般垸，再启用民主垸分蓄洪。

根据调查：牛潭河垸目前为桃江县城的工业园区，人口财产较集中，本次计算暂不考虑该垸启用分洪；半稼山垸原是牛潭河垸外巴垸，现已平退，已不具备分蓄洪功能；半边山垸现无堤防，不具备分蓄洪功能。故本次只考虑毛家桥、新桥河上垸、花果山垸共3个一般垸参与计算。启用顺序为先启用毛家桥、新桥河上垸、花果山垸3个一般垸，再启用民主垸。由于垸内隔堤将民主垸分为民主片、德兴片、乐福片3片，故按照分区蓄洪的原则，蓄洪一片、两片、全垸各为一个计算方案。

（4）沅江尾闾地区蓄洪垸。沅江尾闾地区的重要蓄滞洪区有围堤湖垸，根据《湖南省洞庭湖区防御洪水方案》，当常德站水位达到 41.50m，并预报仍将继续上涨，且沅澧垸或沅南垸危急时，首先启用围堤湖垸蓄洪，再启用木塘垸、车湖垸、陬溪垸等一般垸蓄洪。

根据调查：车湖垸、陬溪垸已划为桃源县的工业园区，分洪损失大，本次计算暂不考虑上述 2 垸分洪；围堤湖垸目前已经完成单退，并建有围堤湖分洪闸，具备分蓄洪条件，故本次按先启用围堤湖垸，再启用木塘垸进行计算。

（5）澧水尾闾地区。澧水尾闾地区重要和一般蓄滞洪区有澧南、西官、九垸，根据《湖南省洞庭湖区防御洪水方案》，当津市站水位达到 44.00m，并预报仍将继续上涨，且松澧垸危急，启用澧水及道水傍山小垸行蓄洪水仍不能缓解其危急时，启用七里湖垸、澧南垸、西官垸蓄洪，若危急仍未解除，启用新洲下垸、阳由垸、新洲上垸、九垸蓄洪。

根据调查：阳由垸、新洲上垸目前已经纳入津市市城区范围，人口财产较集中；七里湖垸目前实际已经双退，已无蓄洪功能。故本次计算暂不考虑上述 3 个一般垸启用分洪；澧南、西官垸为重要蓄滞洪区，均已单退，并建有分洪闸，具备分洪条件；按照拟定原则综合考虑，本次按依次启用澧南垸、西官垸、新洲下垸、九垸分蓄洪的顺序进行计算。

不同地区防御超额洪水可以启用蓄洪垸明细见表 5-2。

表 5-2   不同地区防御超额洪水可以启用蓄洪垸明细表（冻结吴淞高程）

地区	控制站	控制水位/m	可以启用的一般垸	可以启用的重要和一般蓄滞洪区
城陵矶（含东洞庭湖）	城陵矶	34.40	（一般垸已先期启用）	大通湖东垸、钱粮湖垸、共双茶垸、建设、建新、江南陆城、屈原
湘江尾闾	长沙	39.00	翻身外垸、樟树港垸、文径港垸、石牛垸、乌龟冲垸、洋沙湖垸、翻身垸、苏蓼垸	城西垸
资水尾闾	益阳	39.00	半边山、毛家桥、半稼山、牛潭河垸、新桥河上垸、花果山垸	民主垸
沅江尾闾	常德	41.50	木塘垸、车湖垸、陬溪垸	围堤湖垸
澧水尾闾	津市	44.00	七里湖垸、新洲上垸、新洲下垸、阳由垸	澧南垸、西官垸、九垸

5.3.3　计算方案

通过运用洞庭湖洪水演进及分蓄洪模型，模拟典型年四水上游水库实际调度下加下游蓄滞洪区启用时的洪水工况，以及水库群优化联调后加下游蓄滞洪区启用的洪水工况。

5.3.3.1　水库群实际调度下四水单一洪水分蓄洪方案

1. 湘水 2017 年

针对 2017 年湘江洪水工况，为防御湘江尾闾地区洪水，保护尾闾地区安全，采用苏蓼垸、樟树港垸、文径港垸、城西垸4个垸子进行分蓄洪模拟，其中苏蓼垸、樟树港垸、文径港垸为一般垸，城西垸为国家级蓄洪垸。

参照《洞庭湖非常洪水现有调度方案》，选长沙站39.00m水位为分洪控制水位，为比较不同分蓄洪方案的分蓄洪效果，分别考虑启用与不启用一般垸方案、城西垸不同分洪口门宽度方案及城西垸行蓄洪方案。湘江2017年洪水工况计算方案见表5-3。

表5-3 湘江2017年洪水工况计算方案

方案	控制站	启用水位/m	启用堤垸	城西垸分洪口门宽/m	城西垸退洪口门宽/m	是否行洪
1	长沙	39.00	不启用			
2	长沙	39.00	城西垸	150	—	—
3	长沙	39.00	城西垸	150	150	是
4	长沙	39.00	城西垸	200	—	—
5	长沙	39.00	城西垸	200	200	是
6	长沙	39.00	城西垸	250	—	—
7	长沙	39.00	城西垸	250	250	是
8	长沙	39.00	苏蓼垸、樟树港垸、文径港垸			—
9	长沙	39.00	苏蓼垸、樟树港垸、文径港垸、城西垸	150		
10	长沙	39.00	苏蓼垸、樟树港垸、文径港垸、城西垸	150	150	是
11	长沙	39.00	苏蓼垸、樟树港垸、文径港垸、城西垸	200		
12	长沙	39.00	苏蓼垸、樟树港垸、文径港垸、城西垸	200	200	是
13	长沙	39.00	苏蓼垸、樟树港垸、文径港垸、城西垸	250	—	
14	长沙	39.00	苏蓼垸、樟树港垸、文径港垸、城西垸	250	250	是

注　1. 表中水位均为冻结吴淞高程系统，分洪口门底高程均为85黄海高程系统。

　　2. 一般垸分洪口门宽为：苏蓼垸100m；樟树港垸50m；文径港垸50m。

　　3. 堤垸分洪口门底高程为：苏蓼垸30.50m；樟树港垸30.10m；文径港垸30.00m；城西垸28.50m。

方案1为不启用堤垸分蓄洪方案，方案2~7为只启用城西垸方案，方案8为只启用一般垸分蓄洪方案，方案9~14为组合方案。其中：方案8~14中，苏蓼垸、樟树港垸、文径港垸在长沙站水位达控制水位时同时开启；方案9~14中，城西垸在一般垸开启后控制站水位仍有上涨趋势时开启。

2. 资水 1996 年

针对 1996 年资水洪水,一共计算了 11 个方案,其中以益阳控制水位为 39.00m 的方案共 8 个,以 39.50m 为控制水位的方案共 3 个。资水 1996 年洪水工况计算方案见表 5-4。

表 5-4   资水 1996 年洪水工况计算方案

方案	控制站	启用水位 /m	启 用 堤 垸
1	益阳	39.00	不启用
2	益阳	39.00	花果山垸、毛家桥、新桥河上垸
3	益阳	39.00	先启用花果山垸、毛家桥、新桥河上垸,后启用民主垸总体
4	益阳	39.00	先启用花果山垸、毛家桥、新桥河上垸,后分片启用民主垸民主片、德兴片
5	益阳	39.00	先启用花果山垸、毛家桥、新桥河上垸,后分片启用民主垸民主片等三片
6	益阳	39.00	民主垸总体
7	益阳	39.00	先启用民主垸民主片,后启用民主垸德兴片
8	益阳	39.00	先启用民主垸民主片,后启用民主垸德兴片及乐福片
9	益阳	39.50	启用民主垸民主片
10	益阳	39.50	先启用花果山垸、毛家桥、新桥河上垸,后启用民主垸民主片
11	益阳	39.50	启用花果山垸、毛家桥、新桥河上垸

注   1. 表中水位均为冻结吴淞高程系统。
      2. 花果山垸、毛家桥、新桥河上垸分洪孔门宽为 50m,民主垸分洪孔门宽为 460m。

本次方案考虑了花果山垸、毛家桥、新桥河上垸和民主垸 4 个堤垸的调度。其中花果山垸、毛家桥、新桥河上垸为一般垸,蓄洪量较小,本次方案设计不考虑一般的扩大孔门、行洪的方案,并在控制站达到控制水位时同时启用,单独启用一般垸的有方案 2、方案 11。民主垸是本次方案的重点设计对象,启用民主垸的方案考虑了以下几个方面:

(1) 蓄洪垸使用数量。民主垸的启用有以下情况:①单独启用,启用时间即为控制站到达控制水位,即方案 6、方案 9;②配合一般垸启用,是在控制站到达控制水位启用一般垸后对水位进行观测,如水位继续上涨,则启用民主垸,即方案 3、方案 4、方案 5、方案 7、方案 8、方案 10。

(2) 分片蓄洪。民主垸共分为民主片、德兴片及乐福片。分片蓄洪是指蓄洪时部分启用民主片某一片区蓄洪,当水位再次超出控制水位时再开启民主垸另一片区蓄洪。分片蓄洪考虑以下方案:首先是 3 片总体启用作为参考,如方案 3、方案 6;其次是考虑先后启用民主片和德兴片,如方案 4、方案 7;最后考虑先后启用民主片、德兴片及乐福片。

根据计算,分片蓄洪方案已能够控制 1996 年洪水,故不再涉及扩大孔门及行洪方案。

3. 沅江 2014 年

对于 2014 年洪水,系沅江单一洪水,为防御沅江尾闾洪水,保护沅澧、沅南等洞庭湖区重点垸,按现有启用条件,首先启用围堤湖垸蓄洪,若该垸蓄满后危急仍未解除,再在接港下 1km 处扒下口,形成上吞下吐的行洪道;当运用围堤湖垸行蓄洪仍不能缓解其危急时，启用木塘垸蓄洪。围堤湖垸按现有分洪闸控制分洪，木塘垸按批复口门位置及宽度分洪。沅江 2014 年洪水工况计算方案见表 5-5。

表 5-5　　　　　　　　　　沅江 2014 年洪水工况计算方案

方案	控制站	启用水位/m	启用堤垸	围堤湖垸分洪口门宽/m	是否行洪
1	常德	—	不启用		
2	常德	41.50	围堤湖垸	140	—
3	常德	41.50	围堤湖垸	140	是
4	常德	41.50	围堤湖垸、木塘垸	140	—
5	常德	41.50	围堤湖垸、木塘垸	140	是
6	常德	42.00	围堤湖垸	140	—
7	常德	42.00	围堤湖垸	140	是
8	常德	42.00	围堤湖垸、木塘垸	140	—
9	常德	42.00	围堤湖垸、木塘垸	140	是

注　1. 表中水位均为冻结吴淞高程，分洪口门底高程为 85 黄海高程。

　　2. 一般垸分洪口门宽为：木塘垸 150m。

　　3. 堤垸分洪口门底高程为：围堤湖垸 30.53m；木塘垸 37.60m。

　　4. 围堤湖垸行洪方案中，堤垸内水位达到蓄洪水位 38.00m 时开启退洪口行洪，分洪口门的分洪闸始终开启。

沅江尾闾区以常德水文站作为控制站，计算工况分为按照 41.50m 水位启用堤垸和超蓄 0.50m 至 42.00m 水位启用堤垸 2 种。在上一个堤垸开始蓄洪后，若经过 1h 发现控制站的水位超过启用水位且仍有上涨趋势，则开启下一个堤垸进行分洪。由于围堤湖垸具备行洪条件，在控制水位为 41.50m 的计算工况中增加了行洪方案。

4. 澧水 2003 年

对于 2003 年洪水，系澧水单一洪水，为防御澧水尾闾地区洪水，保护松澧垸等洞庭湖区重点垸，按现有启用条件，考虑一般垸蓄洪和一般垸不蓄洪 2 种情况，分为依次启用澧南垸、西官垸、新洲下垸、九垸等 3 个蓄洪垸和 1 个一般垸，以及依次启用澧南垸、西官垸、九垸等 3 个蓄洪垸两套方案。澧南垸、西官垸按现有分洪闸分洪，九垸按批复口门位置及宽度分洪，新洲下垸口门宽度参照九垸拟定。澧水 2003 年洪水工况计算方案见表 5-6。

表 5-6　　　　　　　　　　澧水 2003 年洪水工况计算方案

方案	控制站	启用水位/m	启用堤垸	分洪口门宽/m		
				澧南垸	西官垸	九垸
1	津市	44.00	不启用			
2	津市	44.00	澧南垸	90	60	200
3	津市	44.00	澧南垸、西官垸	90	60	200
4	津市	44.00	澧南垸、西官垸、新洲下垸	90	60	200
5	津市	44.00	澧南垸、西官垸、新洲下垸、九垸	90	60	200
6	津市	44.00	澧南垸、西官垸、九垸	90	60	200

方案	控制站	启用水位/m	启用堤垸	分洪口门宽/m		
				澧南垸	西官垸	九垸
7	津市	44.50	澧南垸	90	60	200
8	津市	44.50	澧南垸、西官垸	90	60	200
9	津市	44.50	澧南垸、西官垸、新洲下垸	90	60	200
10	津市	44.50	澧南垸、西官垸、新洲下垸、九垸	90	60	200
11	津市	44.50	澧南垸、西官垸、九垸	90	60	200
12	津市	45.00	澧南垸	90	60	200
13	津市	45.00	澧南垸、西官垸	90	60	200
14	津市	45.00	澧南垸、西官垸、新洲下垸	90	60	200
15	津市	45.00	澧南垸、西官垸、新洲下垸、九垸	90	60	200
16	津市	45.00	澧南垸、西官垸、九垸	90	60	200

注　1. 表中水位均为冻结吴淞高程，分洪口门底高程为 85 黄海高程。

2. 一般垸分洪口门宽为：新洲下垸 100m。

3. 堤垸分洪口门底高程为：澧南垸 35.50m；西官垸 31.00m；新洲下垸 35.38m；九垸 34.00m。

澧水尾闾区以津市水文站作为控制站，计算工况分为按照 44.00m 水位启用堤垸、超蓄 0.50～44.50m 水位启用堤垸和超蓄 1.00～45.00m 水位启用堤垸 3 种。在上一个堤垸开始蓄洪后，若经过 1h 发现控制站的水位超过启用水位且仍有上涨趋势，则开启下一个堤垸进行分洪。

5. 洞庭湖区 1954 年

1954 年洪水为全流域型洪水，按照超额洪量计算结果，城陵矶（莲花塘）附近区超额洪量达到 248 亿 m^3。考虑到目前城陵矶（莲花塘）附近区蓄洪堤垸分类和蓄洪安全建设情况，以及洞庭湖区 1996 年和 1998 年大水溃垸分洪情况，参照"洞庭湖区防御洪水方案（2016 年）"以及水利部长江水利委员会（以下简称长江委）"长江上中游控制性水库建成后蓄滞洪区布局调整总体方案（2018 年）"报告中蓄洪堤垸启用顺序，分蓄洪方案按照先"三大垸"、再洪湖东分块、再洞庭湖其他重要蓄滞洪区、一般蓄滞洪区、洪湖中分块的顺序，按投入不同数量的蓄洪垸形成不同计算方案，分别研究不同方案城陵矶（莲花塘）水情响应。多个蓄洪堤垸的开启策略为当第一个蓄洪垸不能控制水位上涨时，随即开启第二个、第三个……蓄洪垸，直至使用完当次方案中所有蓄洪垸。洞庭湖区 1954 年洪水工况计算方案见表 5-7。

5.3.3.2 四水上游水库群优化联调效果计算方案

本次选取 1998 年洪水计算工况。1998 年洪水为全流域型洪水，当年城陵矶（莲花塘）站实测最高水位 35.80m，长沙站实测最高水位 39.18m，常德站实测最高水位 41.72m，津市实测最高水位 45.01m，均超过防洪控制水位，其中以城陵矶（莲花塘）站和津市站水位超控制水位程度（1.40m 和 1.01m）最为明显。

1998 年工况对资水上游柘溪水库，沅江上游托口水库、凤滩水库、五强溪水库，澧水上游皂市水库、江垭水库等水库进行了优化调度。

表 5-7　洞庭湖区 1954 年洪水工况计算方案

方案	控制站	启用水位/m	启用垸院	分洪口门宽/m														
				钱粮湖	共双茶	大通湖东	围堤湖	西官	澧南	民主	城西	建设	建新	屈原	九垸	江南陆成	洪湖东	洪湖中
1	城陵矶（莲花塘）	—	不启用															
2	城陵矶（莲花塘）	34.40	钱粮湖、共双茶、大通湖东	336	288	168.5	140	60	90	460	150	300	350	250	200	250	770	770
3	城陵矶（莲花塘）	34.40	钱粮湖、共双茶、大通湖东＋洪湖东	336	288	168.5	140	60	90	460	150	300	350	250	200	250	770	770
4	城陵矶（莲花塘）	34.40	钱粮湖、共双茶、大通湖东＋洪湖东、围堤湖、西官、澧南、民主、城西	336	288	168.5	140	60	90	460	150	300	350	250	200	250	770	770
5	城陵矶（莲花塘）	34.40	钱粮湖、共双茶、大通湖东＋洪湖东、围堤湖、西官、建设、建新、屈原、九垸、江南陆成＋洪湖中	336	288	168.5	140	60	90	460	150	300	350	250	200	250	770	770
6	城陵矶（莲花塘）	34.90	钱粮湖、共双茶、大通湖东	336	288	168.5	140	60	90	460	150	300	350	250	200	250	770	770
7	城陵矶（莲花塘）	34.90	钱粮湖、共双茶、大通湖东＋洪湖东	336	288	168.5	140	60	90	460	150	300	350	250	200	250	770	770
8	城陵矶（莲花塘）	34.90	钱粮湖、共双茶、大通湖东＋洪湖东、围堤湖、西官、澧南、民主、城西	336	288	168.5	140	60	90	460	150	300	350	250	200	250	770	770

注　分洪口门宽均为规划宽度；底板高程无分洪闸的按垸内地面高程，有分洪闸的按闸底设计高程。

计算方案采用以优化调度前后来流过程作为模型上边界计算条件，分析控制站水位变化特征。四水1998年水库优化调度前后流量特征见表5-8。

5.3.3.3　水库群联调下四水组合洪水方案

以1998年汛期基于流域水库群联合防洪调度条件下的湘、资、沅、澧四水来流作为上边界，针对时段内城陵矶（莲花塘）站的超高洪峰水位，考虑到目前洞庭湖区蓄洪垸分类和蓄洪安全建设情况，参照"洞庭湖区防御洪水方案（2016年）"以及长江委"长江上中游控制性水库建成后蓄滞洪区布

表5-8　四水1998年水库优化调度前后流量特征

站点	最大流量/(m³/s)	
	优化调度前	优化调度后
湘潭	1950	1950
桃江	6450	5335
桃源	24850	18007
石门	19900	15799

局调整总体方案（2018年）"报告中蓄洪垸启用顺序，分蓄洪方案按照先"三大垸"、洪湖东分块，再洞庭湖其他重要蓄滞洪区、一般蓄滞洪区、洪湖中分块的顺序，并在启用澧南垸、西官垸和九垸分蓄洪时，同时考虑防御澧水尾闾地区洪水，以及后续增加新洲下垸分蓄洪，按投入不同数量的蓄洪垸形成相应计算方案，研究不同方案下城陵矶（莲花塘）站和津市站的水位响应。多个蓄洪垸的开启策略为当第一个蓄洪垸不能控制水位上涨时，随即开启第二个、第三个等蓄洪垸，直至使用完当次方案中所有蓄洪垸。1998年洪水工况分蓄洪垸启用计算方案见表5-9。

表5-9　1998年洪水工况分蓄洪垸启用计算方案（冻结吴淞高程）

方案	控制站	启用水位/m	启用堤垸	分洪口门宽/m														
				钱粮湖	共双茶	大通湖东	围堤湖	西官	澧南	民主	城西	建设	建新	屈原	九垸	江南陆城	洪湖东	洪湖中
1	莲花塘		不启用															
2	莲花塘	34.4	钱粮湖、共双茶、大通湖东、洪湖东	336	288	168.5	140	60	90	460	150	300	350	250	200	250	770	770
3	莲花塘	34.4	钱粮湖、共双茶、大通湖东、洪湖东＋西官、澧南、围堤湖、民主、城西、建设、建新、屈原、九垸、江南陆城、洪湖中	336	288	168.5	140	60	90	460	150	300	350	250	200	250	770	770
4	莲花塘＋津市	34.4和44.0	钱粮湖、共双茶、大通湖东、洪湖东＋西官、澧南、围堤湖、民主、城西、建设、建新、屈原、九垸、江南陆城、洪湖中	336	288	168.5	140	60	90	460	150	300	350	250	200	250	770	770

续表

方案	控制站	启用水位/m	启用堤垸	分洪口门宽/m														
				钱粮湖	共双茶	大通湖东	围堤湖	西官	澧南	民主	城西	建设	建新	屈原	九垸	江南陆成	洪湖东	洪湖中
5	莲花塘+津市	34.4和44.0	钱粮湖、共双茶、大通湖东、洪湖东+西官、澧南、围堤湖、民主、城西、建设、建新、屈原、九垸、江南陆城、洪湖中+新洲下	336	288	168.5	140	60	90	460	150	300	350	250	200	250	770	770

注 分洪口门宽均为规划宽度；底板高程无分洪闸的按垸内地面高程，有分洪闸的按闸底设计高程。

5.4 模 拟 计 算 结 果

5.4.1 水库群实际调度下四水洪水模拟结果

5.4.1.1 湘江 2017 年模拟结果分析

2017 年长沙站水位过程及其局部放大图如图 5-25、图 5-26 所示，洪水工况堤垸分蓄洪效果见表 5-10。为能较好地对比启用一般垸、增大分洪口门宽度及启用行蓄洪条件所带来的影响，在此主要分析方案 2、方案 3、方案 7、方案 8、方案 14 对长沙站的分蓄洪效果。

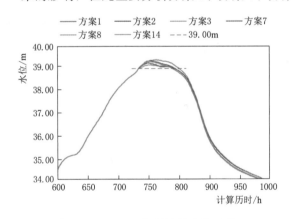

图 5-25 2017 年长沙站水位过程

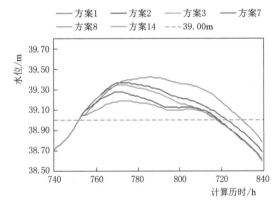

图 5-26 2017 年长沙站水位过程局部放大图

表 5-10 湘江 2017 年洪水工况堤垸分蓄洪效果

方案	分蓄洪效果							控制时长（控制水位以上）/h
	长沙		靖港			湘阴		
	计算水位/m	降低水位/m	计算水位/m	降低水位/m	与二期治理设计水位差值/m	计算水位/m	降低水位/m	
1	39.49	—	37.71	—	—	36.33	—	79
2	39.37	−0.12	37.47	−0.24	0.99	36.08	−0.25	71

| 方案 | 分蓄洪效果 | | | | | | | 控制时长（控制水位以上）/h |
| | 长沙 | | 靖港 | | | 湘阴 | | |
	计算水位/m	降低水位/m	计算水位/m	降低水位/m	与二期治理设计水位差值/m	计算水位/m	降低水位/m	
3	39.35	−0.14	37.42	−0.29	0.94	35.93	−0.40	66
4	39.34	−0.15	37.41	−0.30	0.93	36.10	−0.23	73
5	39.32	−0.17	37.35	−0.36	0.87	35.93	−0.40	68
6	39.31	−0.18	37.45	−0.26	0.97	36.13	−0.20	75
7	39.28	−0.21	37.30	−0.41	0.82	35.92	−0.41	67
8	39.43	−0.06	37.66	−0.05	1.18	36.30	−0.03	79
9	39.29	−0.20	37.41	−0.30	0.93	36.05	−0.28	71
10	39.27	−0.22	37.34	−0.37	0.86	35.90	−0.43	65
11	39.25	−0.24	37.39	−0.32	0.91	36.08	−0.25	72
12	39.23	−0.26	37.27	−0.44	0.79	35.91	−0.42	67
13	39.23	−0.26	37.42	−0.29	0.94	36.11	−0.22	74
14	39.19	−0.30	37.27	−0.44	0.79	35.90	−0.43	67

注　1. 表中水位均为冻结吴淞高程系统。

2. 控制时长指长沙站水位超过控制水位的历时。

3. 二期治理设计水位：靖港 36.48m。

4. 靖港桩号为烂泥湖垸 96+344.00。

由图 5-25 可知，2017 年湘江洪水属于单峰情况，洪峰大致在 750～800h 时段内，之后洪峰过去，水位逐渐降低。

由图 5-26 可知，对长沙站，城西垸行洪（方案 3）的分蓄洪效果比不行洪（方案 2）好，增大分洪口门宽度且行洪（方案 7）的分蓄洪效果比不增加（方案 3）好，其中，启用一般垸情况下增大城西垸分洪口门宽度且行洪（方案 14）的分蓄洪效果最好。

总体看来，根据表 5-10 中数据可知，各方案分蓄洪效果均较小，其原因是城西垸与 3 个一般垸都在长沙站下游，城西垸位置距长沙站较远所致。

同时，对部分情况，湘阴站的分蓄洪效果比靖港站差，其原因是湘阴站尽管在城西垸口门下游，但本身受湖盆水位顶托影响较大，导致水位降低效果有时不如靖港站。

对比不行洪方案，所有行洪方案的效果都更加明显，原因是行洪方案增大了河道过水断面，使得过水更加顺畅。

特别注意的是，增大口门宽度方案虽然对长沙站的分蓄洪效果更好，但是对靖港，尤其是湘阴却产生一定负面效果，其原因是增大分洪口门宽度，使得城西垸更快蓄满，没有控制住洪峰对下游湘阴的影响，使得湘阴站水位二次上涨。

5.4.1.2　资水 1996 年模拟结果分析

1. 益阳水位 39.00m 启用蓄洪垸方案

1996 年益阳站 39.00m 控制方案水位过程及其局部放大图如图 5-27、图 5-28 所示，洪水工况堤垸分蓄洪效果见表 5-11。结合方案设计，对民主垸方案设计时考虑的 2 个方面进行分析：

（1）启用蓄洪垸数量。从方案 2、方案 3、方案 6 等计算结果来看，开启一般垸分蓄洪效果有限，而且由于洪水上涨较快，若先启用小垸再启用民主垸将推迟民主垸的启用时间，使得水位无明显变化而控制时长反而较长。

（2）分片启用。对比方案3、方案4、方案5及方案6、方案7、方案8可以看出，分片效果应对1996年资水洪水效果较好。分析原因为1996年洪水为双峰型，两峰相差105h。波谷时水位已降至控制水位以下，如不采取分片方案，则无效蓄洪时间较长，至第二个峰到来时民主垸已经蓄满，无法发挥作用。

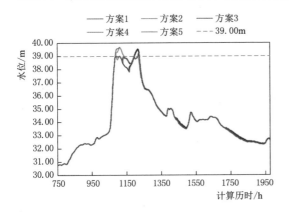

图 5-27　1996 年益阳站 39.00m 控制方案
水位过程

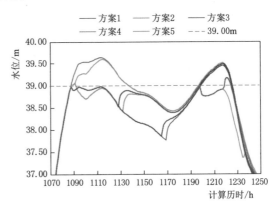

图 5-28　1996 年益阳站 39.00m 控制方案
水位过程局部放大图

2. 益阳水位 39.50m 启用蓄洪垸方案

1996年益阳站39.50m控制方案水位过程及其局部放大图如图5-29、图5-30所示，洪水工况堤垸分蓄洪效果见表5-11。由于已在39.00m启用方案中验证过分片启用方案，在39.50m启用方案中主要考虑垸子的开启数量问题。对比方案2、方案11可以看出，39.50m启用方案下开启一般垸效果较39.00m启用方案效果较好，降低水位效果明显。但对比方案9、方案10，可以看出当民主垸民主片开启时，可以有效控制住39.50m水位，此时是否开启一般垸效果几无明显差异。

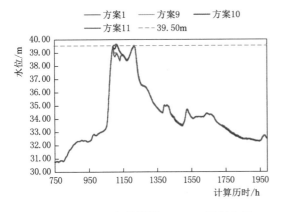

图 5-29　1996 年益阳站 39.50m 控制方案
水位过程

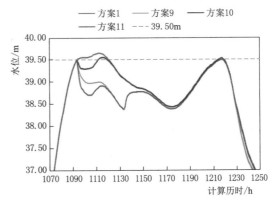

图 5-30　1996 年益阳站 39.50m 控制方案
水位过程局部放大图

161

表 5 - 11　　　　　　　　　　　　资水 1996 年洪水工况堤垸分蓄洪效果

方案号	分蓄洪效果					控制时长（控制水位以上）/h
	益阳		沙头			
	计算水位/m	降低水位/m	计算水位/m	降低水位/m	与二期治理设计水位差值/m	
1	39.66	—	38.06	—	—	81
2	39.62	−0.04	38.06	0	1.58	81
3	39.48	−0.18	37.97	−0.09	1.49	32
4	39.19	−0.47	37.82	−0.24	1.34	12
5	39.04	−0.62	37.64	−0.42	1.16	7
6	39.48	−0.18	37.97	−0.09	1.49	27
7	39.19	−0.47	37.82	−0.24	1.34	7
8	39.02	−0.64	37.59	−0.47	1.11	1
9	39.51	−0.15	38.02	−0.04	1.54	4
10	39.51	−0.15	38.02	−0.04	1.54	4
11	39.56	−0.10	38.06	0	1.58	16

注　1. 表中水位均为冻结吴淞高程系统，牛鼻滩和周文庙的二期治理水位分别为 38.63m 和 37.06m。
　　2. 控制时长指益阳水位超过蓄洪垸启用水位的历时。
　　3. 沙头站桩号为烂泥湖垸 13+655.00（插补值）。

5.4.1.3　沅江 2014 年模拟结果分析

1. 常德水位 41.50m 启用堤垸方案

2014 年常德站 41.50m 控制方案水位过程及其局部放大如图 5 - 31、图 5 - 32 所示，洪水工况堤垸分蓄洪效果见表 5 - 12。在只开启围堤湖垸分洪和行洪的方案 2 和方案 3 中，常德最高水位的降低值相同，这是由于当堤垸达到行洪条件时，常德处水位已处于洪水消落期，行洪过程没有起到降低洪峰水位的作用。

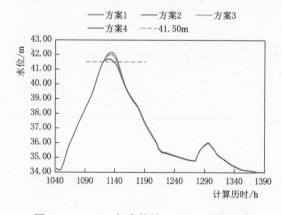

图 5 - 31　2014 年常德站 41.50m 控制方案
水位过程

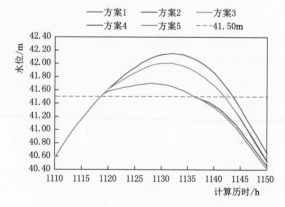

图 5 - 32　2014 年常德站 41.50m 控制方案
水位过程局部放大图

表 5 - 12　　　　　　　　　　　沅江 2014 年洪水工况堤垸分蓄洪效果

方案	分蓄洪效果										控制时长/h
	常德	牛鼻滩			周文庙			小河咀			
	计算水位/m	降低水位/m	计算水位/m	降低水位/m	与二期治理设计水位差值/m	计算水位/m	降低水位/m	与二期治理设计水位差值/m	计算水位/m	降低水位/m	
1	42.15	—	39.84	—	—	37.82	—	—	35.41	—	—
2	42.00	−0.15	39.50	−0.34	0.87	37.54	−0.28	0.48	35.29	−0.12	23
3	42.00	−0.15	39.50	−0.34	0.87	37.52	−0.30	0.46	35.30	−0.11	23
4	41.70	−0.45	39.37	−0.47	0.74	37.47	−0.35	0.41	35.25	−0.16	18
5	41.70	−0.45	39.31	−0.53	0.68	37.35	−0.47	0.29	35.24	−0.17	18
6	42.08	−0.07	39.68	−0.16	1.05	37.71	−0.11	0.65	35.36	−0.05	9
7	42.08	−0.07	39.65	−0.19	1.02	37.60	−0.22	0.54	35.26	−0.15	9
8	42.03	−0.12	39.69	−0.15	1.06	37.69	−0.13	0.63	35.33	−0.08	3
9	42.03	−0.12	39.65	−0.19	1.02	37.60	−0.22	0.54	35.19	−0.22	3

注　1. 表中水位均为冻结吴淞高程。
　　　2. 二期治理设计水位：牛鼻滩为 38.63m，周文庙为 37.06m。
　　　3. 控制时长指常德水位超过堤垸启用水位的历时。
　　　4. 牛鼻滩桩号为沅澧垸 52+678.00，周文庙桩号为沅南垸 42+596.00。

在开启围堤湖垸 1h 后继续开启木塘垸的方案 4 和方案 5 中，两者均降低常德洪峰水位 0.45m，达到最好的分蓄洪效果。尽管行洪并未有助于降低常德洪峰水位，但由于围堤湖垸进洪口分洪闸开启后不再关闭，围堤湖垸始终保持进洪状态，这让更多的洪量被蓄下，降低了下游控制站的最高水位。

2. 常德水位 42.00m 启用堤垸方案

2014 年常德站 42.00m 控制方案水位过程及其局部放大图如图 5-33、图 5-34 所示，洪水工况堤垸分蓄洪效果见表 5-12。由于不分洪条件下常德最高水位为 42.15m，在水位达到 42.00m 时进行分洪和行洪并不能带来很明显的效果，方案 8、方案 9 均最多降低常德洪峰水位 0.12m，最终洪峰水位接近堤垸启用水位。相较于不行洪的方案 6、方案 8，行洪方案 7、方案 9 虽然并未真正实现行洪，也未起到降低常德最高水位的作用，但由于围堤湖垸进洪口门不受分洪闸控制保持一直进洪，不仅降低了常德在洪峰过后的水位，也有效降低了下游控制站的最高水位。

5.4.1.4　澧水 2003 年模拟结果分析

1. 津市水位 44.00m 启用堤垸方案

2003 年津市站 44.00m 控制方案水位过程及其局部放大图如图 5-35、图 5-36 所示，洪水工况堤垸分蓄洪效果见表 5-13。由于 2003 年为澧水特大洪水年，上游石门站出现有实测资料以来的第二高水位，为减轻淞澧大圈的防洪压力，澧南垸在洪峰达到之前实施了破口蓄洪，蓄洪后澧县附近兰江闸的水位在 6h 内下降 1.02m。为还原 2003 年澧水洪水实际情况，根据当年爆破口门实际位置、口门宽度和进洪流量实测资料，模型验证计算当年澧南垸蓄洪后下游各控制站的水位，然后通过将澧南垸口门关闭，计算得出 2003 年澧南垸不分洪情况下各控制站的水位过程，作为方案 1 不启用堤垸的结果。方案 2 在只启用澧南垸分洪的条件下，澧县最高水位降低了 1.23m，这与当年的实测数据接近，证明了模型计算结果的可靠性。

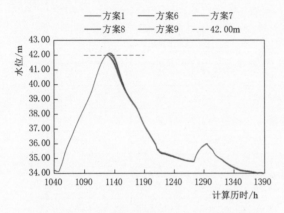

图 5-33　2014 年常德站 42.00m 控制方案水位过程

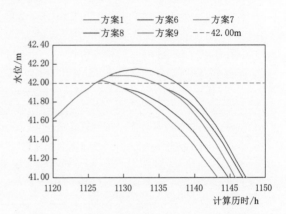

图 5-34　2014 年常德站 42.00m 控制方案水位过程局部放大图

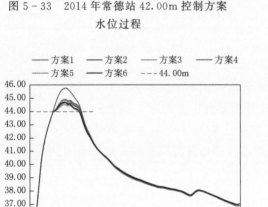

图 5-35　2003 年津市站 44.00m 控制方案水位过程

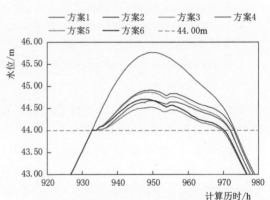

图 5-36　2003 年津市站 44.00m 控制方案水位过程局部放大图

仅启用澧南垸分洪后，津市最高水位降低 0.85m，安乡和石龟山最高水位分别下降了 0.20m 和 0.40m，说明澧南垸分洪对于降低 2003 年澧水洪水水位的效果显著。继续依次开启西官垸、新洲下垸和九垸分洪，对于津市和澧县而言这些堤垸位于下游，除去距离较近的新洲下垸，其余分蓄洪效果较不明显；而对于安乡和石龟山而言，由于上述 3 个堤垸位于上游，除去蓄洪容积较小的新洲下垸，西官垸和九垸的分蓄洪效果和澧南垸接近。通过结果对比看出，方案 5 降低津市水位的效果最好，洪峰水位降低了 1.24m，超过堤垸启用水位的历时为 37h。

从图 5-36 中看到在计算历时 954h 的时刻，各方案水位过程存在一个凹点，此时澧南垸蓄洪量接近最大值，分蓄洪作用大幅减弱，水位会出现略微反弹。对比方案 4、方案 6

的结果显示，在依次开启澧南垸和西官垸分洪后，再开启新洲下垸和开启九垸对于降低津市最高水位的效果相近。

2. 津市水位 44.50m 启用堤垸方案

2003 年津市站 44.50m 控制方案水位过程及其局部放大图如图 5-37、图 5-38 所示，洪水工况堤垸分蓄洪效果见表 5-13。从计算结果看出，超蓄 0.50～44.50m 启用堤垸的条件下，方案 7 中只启用澧南垸分洪能够降低津市最高水位 0.81m，方案 10 中依次启用澧南垸、西官垸、新洲下垸和九垸分洪，最多能降低津市最高水位 1.17m，两者仅比按 44.00m 启用堤垸的相同方案水位降低值分别低 0.04m 和 0.07m，其余各控制站的差距均在 0.20m 以内，说明两种水位启用堤垸方案的分蓄洪效果接近。推测原因为 2003 年洪水在不启用堤垸的情况下，津市水位在 3h 内由 44.00m 迅速增大至 44.50m，超 0.50m 启用堤垸后分蓄洪过程依然涵盖了洪峰过程，达到了同样降低各控制站洪峰水位的效果。通过结果对比看出，方案 10 降低津市水位的效果最好，洪峰水位降低了 1.17m，仅高于堤垸启用水位 0.10m，超过堤垸启用水位的历时为 37h。

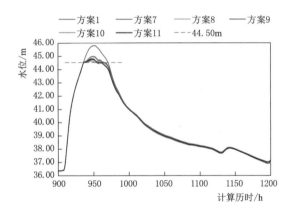

图 5-37　2003 年津市站 44.50m 控制方案
水位过程

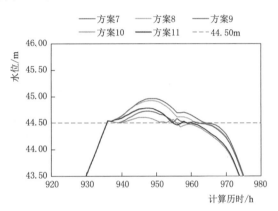

图 5-38　2003 年津市站 44.50m 控制方案
水位过程局部放大图

3. 津市水位 45.00m 启用堤垸方案

2003 年津市站 45.00m 控制方案水位过程及其局部放大图如图 5-39、图 5-40 所示，洪水工况堤垸分蓄洪效果见表 5-13。计算结果显示当津市水位达到 45.00m 时，启用澧南垸分洪后津市最高水位迅速降低至 45.00m 左右，水位降低值为 0.68m，后续启用其他堤垸分洪，津市的最高水位无变化。说明按照津市水位 45.00m 启用堤垸，只需启用澧南垸就能将津市水位控制在 45.00m 附近，继续启用下游堤垸基本无影响。虽然在启用澧南垸后，再启用其他堤垸不能降低津市和澧县的最高水位，但对于降低安乡和石龟山的最高水位还是起到了效果，特别是启用分洪口门自由进洪、蓄洪容积较大的九垸后，安乡和石龟山的最高水位分别降低了 0.35m 和 0.60m，分蓄洪效果尤为显著。此外，从图 5-40 可看出方案 15、方案 16 中在九垸开启后，津市水位在洪水消落期有较为明显的减小，说明无分洪闸控制的堤垸由于可以持续进洪，对于控制站洪水消落期的水位有着较为明显的降低作用。

表 5 - 13　　　　　　　　　　　　　　澧水 2003 年洪水工况堤垸分蓄洪效果

方案	分蓄洪效果												控制时长 /h
---	津市			澧县			安乡			石龟山			
	计算水位 /m	降低水位 /m	与二期治理设计水位差值 /m	计算水位 /m	降低水位 /m	与二期治理设计水位差值 /m	计算水位 /m	降低水位 /m	与二期治理设计水位差值 /m	计算水位 /m	降低水位 /m	与二期治理设计水位差值 /m	
1	45.77	—	—	47.71	—	—	40.39	—	—	42.12	—	—	—
2	44.92	-0.85	0.91	46.48	-1.23	0.38	40.19	-0.20	0.81	41.72	-0.40	0.90	41
3	44.87	-0.90	0.86	46.46	-1.25	0.36	39.92	-0.47	0.54	41.35	-0.77	0.53	40
4	44.68	-1.09	0.67	46.32	-1.39	0.22	39.88	-0.51	0.50	41.28	-0.84	0.46	40
5	44.53	-1.24	0.52	46.25	-1.46	0.15	39.66	-0.73	0.28	40.96	-1.16	0.14	37
6	44.71	-1.06	0.70	46.37	-1.34	0.27	39.70	-0.69	0.32	41.03	-1.09	0.21	38
7	44.96	-0.81	0.95	46.53	-1.18	0.43	40.17	-0.22	0.79	41.69	-0.43	0.87	29
8	44.92	-0.85	0.91	46.51	-1.20	0.41	40.05	-0.34	0.67	41.54	-0.58	0.72	27
9	44.72	-1.05	0.71	46.39	-1.32	0.29	40.02	-0.37	0.64	41.50	-0.62	0.68	26
10	44.60	-1.17	0.59	46.37	-1.34	0.27	39.75	-0.64	0.37	41.06	-1.06	0.24	20
11	44.78	-0.99	0.77	46.44	-1.27	0.34	39.79	-0.60	0.41	41.13	-0.99	0.31	21
12	45.09	-0.68	1.08	47.03	-0.68	0.93	40.26	-0.13	0.88	41.85	-0.27	1.03	16
13	45.08	-0.69	1.07	47.03	-0.68	0.93	40.20	-0.19	0.82	41.79	-0.33	0.97	16
14	45.08	-0.69	1.07	47.03	-0.68	0.93	40.17	-0.22	0.79	41.73	-0.39	0.91	11
15	45.07	-0.70	1.06	47.03	-0.68	0.93	39.81	-0.58	0.43	41.13	-0.99	0.31	7
16	45.08	-0.69	1.07	47.03	-0.68	0.93	39.85	-0.54	0.47	41.18	-0.94	0.36	12

注　1. 表中水位均为冻结吴淞高程。
　　2. 二期治理设计水位为：津市 44.01m，澧县 46.10m，安乡 39.38m，石龟山 40.82m。
　　3. 控制时长指津市水位超过堤垸启用时的历时。
　　4. 津市桩号为松澧垸 45+640.00，澧县桩号为松澧垸 29+890.00，安乡桩号为安保垸 15+460.00，石龟山桩号为沅澧垸 160+848.00。

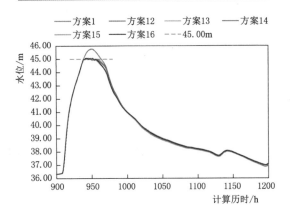

图 5-39　2003 年津市站 45.00m 控制方案
水位过程

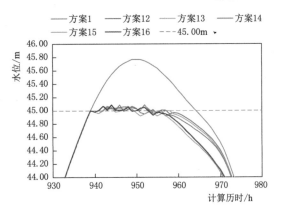

图 5-40　2003 年津市站 45.00m 控制方案
水位过程局部放大图

5.4.1.5　洞庭湖区 1954 年模拟结果分析

1954 年城陵矶（莲花塘）站水位过程如图 5-41 所示，洞庭湖区洪水工况分蓄洪效果见表 5-14。

对于 1954 年洪水，不分洪情况下，城陵矶（莲花塘）水位达到 36.49m，南嘴和小河咀分别达到 38.02m 和 38.17m，分别超防洪控制水位 2.09m，1.97m 和 2.45m。

不分洪情况下，城陵矶（莲花塘）水位在 1954 年 6 月 27 日 6 时达到 34.40m，维持在 34.40m 以上 22 天，1954 年 6 月 28 日 13 时达到 34.90m，维持 34.90m 以上 19 天。城陵矶（莲花塘）按 34.40m 控制分洪时，不同方案水位超出 34.40m 的时长从 375～464h 不等；城陵矶（莲花

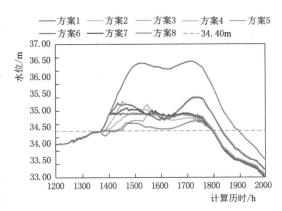

图 5-41　1954 年城陵矶（莲花塘）站水位过程

塘）按 34.90m 控制分洪时，不同方案超出 34.90m 以上时长从 61～281h 不等。

表 5-14　　　　　　　　　洞庭湖区 1954 年洪水工况分蓄洪效果

方案号	分蓄洪效果								控制时长（控制水位以上）/h
	城陵矶		南咀			小河咀			
	计算水位 /m	降低水位 /m	计算水位 /m	降低水位 /m	与二期治理设计水位差值 /m	计算水位 /m	降低水位 /m	与二期治理设计水位差值 /m	
1	36.49	—	38.02	—	1.97	38.17	—	2.45	
2	35.43	−1.06	37.56	−0.46	1.51	37.68	−0.49	1.96	464

167

方案号	分蓄洪效果								控制时长（控制水位以上）/h
	城陵矶		南咀			小河咀			
	计算水位/m	降低水位/m	计算水位/m	降低水位/m	与二期治理设计水位差值/m	计算水位/m	降低水位/m	与二期治理设计水位差值/m	
3	35.20	−1.29	37.37	−0.65	1.32	37.48	−0.69	1.76	425
4	35.01	−1.48	37.07	−0.95	1.02	37.16	−1.01	1.44	425
5	34.74	−1.75	36.90	−1.12	0.85	37.01	−1.16	1.29	375
6	35.40	−1.09	37.64	−0.38	1.59	37.76	−0.41	2.04	284
7	35.09	−1.40	37.54	−0.48	1.49	37.65	−0.52	1.93	195
8	34.94	−1.55	37.23	−0.79	1.18	37.32	−0.85	1.60	61

注 1. 列表中水位均为冻结高程。

2. 南咀和小河咀二期治理设计水位分别为 36.05m 和 35.72m。

方案 2、方案 3、方案 4、方案 5 按城陵矶（莲花塘）34.40m 控制分洪，城陵矶（莲花塘）水位随着蓄洪垸增加降低值越来越多，降低值从 1.06m 到 1.75m，小河咀降低值从 0.46m 到 1.12m，南嘴降低值从 0.49m 到 1.16m。蓄洪效率最显著的是方案 2（三大垸），开启三大垸城陵矶（莲花塘）降低了 1.06m，城陵矶（莲花塘）水位控制在 35.43m；方案 3 增加洪湖东分块，蓄洪容积增加 62 亿 m³，城陵矶（莲花塘）水位降低值只增加了 0.23m，城陵矶（莲花塘）水位控制在 35.20m；方案 5（洞庭湖区全部重要一般蓄洪垸＋洪湖东、中块）比方案 2（三大垸）多开启总蓄洪容积 190 亿 m³，水位降低值只增加了 0.69m。在总蓄洪容积使用超过 240 亿 m³ 的情况下，城陵矶（莲花塘）水位仍然达到 34.74m，这符合 1954 年洪水洪峰和洪量均大的特点，洪峰和超额洪量均主导着城陵矶（莲花塘）水位的高低。

方案 6~8 按城陵矶（莲花塘）水位 34.90m 控制分洪，水位降低规律与按 34.40m 控制分洪规律一致，城陵矶（莲花塘）水位随着蓄洪垸增加降低值越来越多，降低值从 1.09m 到 1.55m，小河咀降低值从 0.41m 到 0.85m，南嘴降低值从 0.38m 到 0.79m。方案 6 开启三大垸水位降低效果最好，城陵矶（莲花塘）降低了 1.09m，水位控制在 35.40m；方案 8（洞庭湖区全部重要蓄洪垸＋洪湖东分块）基本能将水位控制在 34.90m 左右（34.94m）。

从 34.40m 分洪和 34.90m 分洪两组方案对比来看，使用同样多蓄洪堤垸（蓄洪容积）条件下，如方案 2 和方案 6，方案 3 和方案 7，方案 4 和方案 8，均是按 34.90m 分洪效果略好于按 34.40m 分洪。

总体来看，对于 1954 年洪水分洪有如下几点认识：①蓄洪堤垸启用按三大垸、洪湖东、洞庭湖重要蓄滞洪区、其他一般蓄滞洪区、洪湖中分块渐次开启的顺序基本合理；②在城陵矶（莲花塘）34.40m 时开始分洪，使用洞庭湖区所有重要一般蓄洪区加上洪湖东、中块，能将城陵矶（莲花塘）水位控制在 34.74m；③在城陵矶（莲花塘）34.90m 时开始分洪，使用洞庭湖所有重要蓄洪垸及洪湖东分块，能将城陵矶（莲花塘）水位控制在 34.94m；④由于大部分蓄洪区主要集中在城陵矶（莲花塘）附近，不论哪种分洪方案对解决西洞庭湖区高洪水位效果不如城陵矶（莲花塘）效果明显；⑤对于 1954 年洪水，使用同样多蓄洪容积的情况下，34.90m 开始分洪效果要好于 34.40m 开始分洪效果；⑥由于 1954 年澧水洪水来水不大，其尾闾地区的西官和澧南垸分洪均不能充分利用其蓄洪容积。

5.4.2　四水上游水库群优化联调效果模拟结果

根据流域典型洪水联合防洪调度效果研究，1998 年工况调度时段为 7 月 19 日—8 月 10 日，此时段内湘江流域没有发生洪水，最大流量为 1950m³/s，资水流域桃江水文站实测洪峰流量为 6450m³/s，沅江流域桃源水文站实测洪峰流量为 24850m³/s，澧水流域石门水文站实测洪峰流量为 19900m³/s。按照四水尾闾河段现状行洪能力（安全泄量）：湘江为 20000m³/s、资水为 9400m³/s、沅江为 23000m³/s、澧水为 12000m³/s，则沅江尾闾和澧水尾闾在时段内的超额洪量分别为 0.70 亿 m³ 和 6.69 亿 m³。

采用未开启蓄洪垸的数学模型计算得到该时段内长沙站最高水位为 36.69m，益阳站最高水位为 37.52m，常德站最高水位为 41.88m，津市站最高水位为 45.18m，城陵矶（莲花塘）站最高水位为 35.74m，常德站、津市站和城陵矶（莲花塘）站最高水位分别超防洪控制水位 0.38m、1.18m 和 1.34m。

四水流域水库群联合防洪调度后，同时段内湘潭站最大流量不变，桃江站、桃源站和石门站洪峰流量分别削减为 5335m³/s、18007m³/s 和 15799m³/s，沅江尾闾的超额洪量减小至 0，澧水尾闾的超额洪量减小至 2.39 亿 m³。采用未开启蓄洪垸的数学模型计算得该时段内长沙最高水位不变，桃江站、桃源站、石门站和城陵矶（莲花塘）站最高水位分别降低至 37.23m、40.72m、44.91m 和 35.73m，仅津市站和城陵矶（莲花塘）站最高水位分别超防洪控制水位 0.91m 和 1.33m。

从计算结果看出，流域水库群联合防洪调度的效果如下：①对于资、沅、澧尾闾洪水削峰效果显著，沅江尾闾和澧水尾闾超额洪量分别减小了 0.70 亿 m³ 和 4.30 亿 m³；②降低了四水尾闾下游控制站的洪峰水位，特别是沅江尾闾的常德站，最高水位降低了 1.16m 之多，由之前的超防洪控制水位变为未超防洪控制水位；③由于 1998 年长江上游来流较大，四水流域水库群联合防洪调度对于城陵矶（莲花塘）站的洪峰水位影响较小。流域水库群联合防洪调度后，仅城陵矶（莲花塘）站和津市站最高水位超过防洪控制水位，因此 1998 年工况调度以启用蓄洪垸控制城陵矶（莲花塘）站和津市站洪峰水位为主要任务。

1998 年四水流域水库群联合防洪调度前后控制站水位变化如图 5-42 所示。

1998 年四水流域水库群联合防洪调度前后控制站水文要素变化见表 5-15。

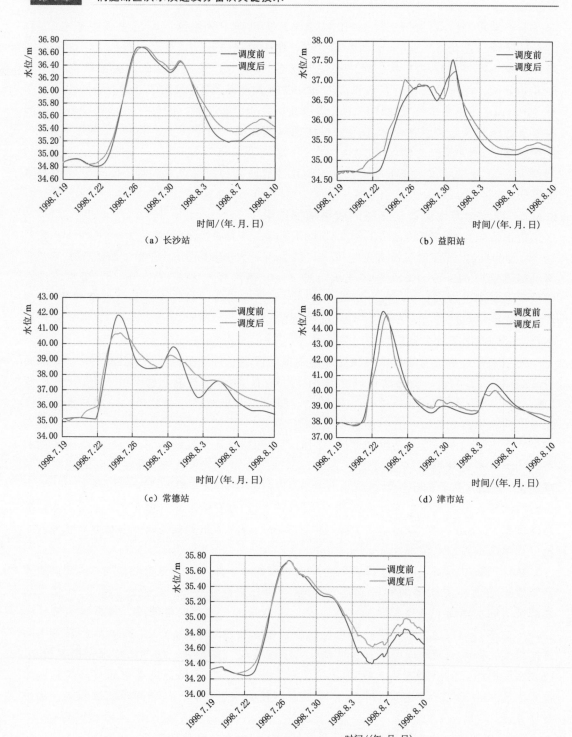

图 5-42　1998 年四水流域水库群联合防洪调度前后控制站水位变化（冻结吴淞高程）

表 5 - 15　　　　　1998 年四水流域水库群联合防洪调度前后控制站
水文要素变化表（冻结吴淞高程）

水文要素	站点	联合调度前	联合调度后
最高水位/m （7 月 19 日—8 月 10 日）	长沙	36.69	36.69
	益阳	37.52	37.23
	常德	41.88	40.72
	津市	45.18	44.91
	城陵矶（莲花塘）	35.74	35.73

5.4.3　水库优化联调下四水组合洪水模拟结果

对 1998 年洪水工况模拟结果进行分析。四水流域水库群联合防洪调度前后控制站水位变化如图 5-43 所示，洪水工况分蓄洪垸启用效果见表 5-16。不分洪情况下（方案1），城陵矶（莲花塘）站水位过程较为"矮胖"，洪峰水位 35.73m，超二期治理设计水位 1.33m，在防洪控制水位以上时间为 437h，高洪水位持续时间较长；津市站水位过程较为"瘦高"，洪峰水位 44.91m，超二期治理设计水位 0.90m，在防洪控制水位以上时间为 22h，洪水陡涨陡落，高洪水位持续时间较短。

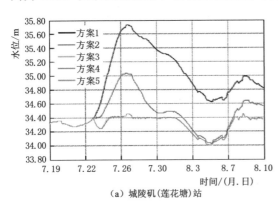
（a）城陵矶（莲花塘）站

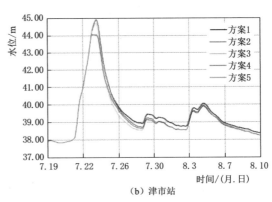
（b）津市站

图 5-43　1998 年四水流域水库群联合防洪调度前后控制站水位变化（冻结吴淞高程）

表 5 - 16　　　　　1998 年洪水工况分蓄洪垸启用效果表（冻结吴淞高程）

方案	城陵矶（莲花塘）				津市			
	计算水位/m	分蓄洪效果/m	与二期治理设计水位差值/m	控制时长（控制水位以上）/h	计算水位/m	分蓄洪效果/m	与二期治理设计水位差值/m	控制时长（控制水位以上）/h
1	35.73	—	1.33	437	44.91	—	0.90	22
2	35.04	0.69	0.64	298	44.91	0	0.90	22
3	34.45	1.28	0.05	18	44.71	0.20	0.70	20
4	34.45	1.28	0.05	21	44.08	0.83	0.07	12
5	34.45	1.28	0.05	20	44.07	0.84	0.06	11

注　城陵矶（莲花塘）站和津市站二期治理设计水位分别为 34.40m 和 44.01m。

当城陵矶（莲花塘）站水位达到 34.40m 时启用共双茶垸、大通湖东垸、钱粮湖垸和洪湖东分块分蓄洪时（方案 2），城陵矶（莲花塘）站洪峰水位降低了 0.69m，在防洪控制水位以上时间缩减了 139h，分蓄洪效果较为明显，城陵矶（莲花塘）站洪峰水位仍高于二期治理设计水位 0.64m；由于共双茶垸、大通湖东垸和钱粮湖垸位于东、南洞庭湖区，其分蓄洪对处于上游澧水尾闾的津市站作用甚微，分蓄洪前后津市站洪峰水位和控制时长无变化。

当城陵矶（莲花塘）站水位达到 34.40m 时启用共双茶垸、大通湖东垸、钱粮湖垸、洪湖东分块、澧南垸、西官垸和围堤湖垸等 15 处重要和一般蓄滞洪区分蓄洪时（方案 3），城陵矶（莲花塘）站洪峰水位降低至 34.45m，较启用前降低了 1.28m，在防洪控制水位以上时间缩减至 21h，通过蓄滞洪区分蓄洪后基本满足防洪目标；分蓄洪垸启用对于降低津市站水位不如城陵矶（莲花塘）站明显，分蓄洪后洪峰水位降低 0.20m，仍高于二期治理设计水位 0.70m，在防洪控制水位以上时间仅减小了 2h。

在方案 3 的基础上兼顾防御澧水尾闾地区洪水，对于位于澧水尾闾区域的澧南垸、西官垸和九垸，当津市站水位达到 44.00m 时启用分蓄洪，其余蓄滞洪区当城陵矶（莲花塘）站水位达到 34.40m 时分蓄洪（方案 4），计算结果表明对于城陵矶（莲花塘）站的分蓄洪效果和方案 3 基本一致，控制时长略有增加，而对于津市站的分蓄洪效果显著，洪峰水位降低至 44.08m，仅高于二期治理设计水位 0.07m，较启用前降低了 0.83m，在防洪控制水位以上时间较启用前缩减了 10h，基本满足了城陵矶区域和澧水尾闾的防洪目标。方案 5 在方案 4 的基础上增加位于澧水尾闾的新洲下垸进行分蓄洪，结果表明分蓄洪作用不明显，津市站洪峰水位较方案 4 降低 0.01m，控制时长减小 1h。

综上所述，1998 年计算工况下，以汛期流域水库群联合防洪调度后的湘、资、沅、澧四水来流作为上边界条件，同时考虑城陵矶区域和澧水流域防洪目标的方案 4，即当津市站水位达到 44.00m 启用澧南垸、西官垸和九垸分蓄洪，当城陵矶（莲花塘）站水位达到 34.40m 时启用其余 12 处蓄滞洪区分蓄洪，其分蓄洪效果能够基本满足要求，保证洞庭湖区的防洪安全。

5.5 主 要 结 论

对四水尾闾地区及洞庭湖区的典型洪水进行模拟计算，采用开启蓄滞洪区及优化上游水库群联合调度措施调蓄典型洪水，主要结论如下：

（1）通过蓄滞洪区与一般垸分蓄行洪，湘、资、沅、澧外河水位在洪峰到来时明显降低，但仍在控制水位以上。计算工况中，长沙站按 39.00m 控制，模拟最高水位 39.19m，超启用水位 0.19m，较分洪前最高水位降低 0.30m；益阳站按 39.00m 控制，模拟最高水位 39.02m，超启用水位 0.02m，较分洪前最高水位降低 0.64m；常德站按 41.50m 控制，模拟最高水位 41.70m，超启用水位 0.20m，较分洪前最高水位降低 0.45m；津市站按 44.00m 控制，模拟最高水位 44.53m，超启用水位 0.53m，较分洪前最高水位降低 1.24m；城陵矶（莲花塘）站按 34.40m 控制，模拟最高水位为 34.74m，超启用水位 0.34m，较分洪前最高水位降低 1.75m。

（2）以长沙站按堤防设计洪水位 38.37m 控制，计算得湘江尾闾地区超额洪量为 10.2 亿 m³；以益阳站按堤防设计洪水位 38.32m 控制，计算得资水尾闾地区超额洪量为 7.2 亿 m³；以常德站按堤防设计洪水位 40.68m 控制，计算得沅江尾闾地区超额洪量为 5.14 亿 m³；以津市站按堤防设计洪水位 44.01m 控制，计算得澧水尾闾地区超额洪量为 5.00 亿 m³；以城陵矶（莲花塘）按 34.40m 水位控制，计算得城陵矶附近区超额洪量为 248 亿 m³。

（3）蓄滞洪区与一般垸在控制站以上对降低控制站水位的效果更为明显，但四水尾闾地区蓄滞洪区、一般垸大多在控制站以下，如城西垸、民主垸、围堤湖垸、九垸、西官垸等，故分蓄洪对降低控制站水位的效果有限。

（4）根据分蓄洪效果来看，西、南洞庭湖区（南嘴、小河咀）水位降低效果整体不如城陵矶，说明自 1954 年以来洞庭湖湖泊容积萎缩，水面比降加大明显，同时也说明城陵矶附近区蓄洪垸的使用对城陵矶比距离较远的西洞庭湖区效果更为显著，其中钱粮湖、共双茶和大通湖东三垸分蓄洪对降低城陵矶附近区水位效果最明显。

（5）流域水库群联合防洪调度对于资、沅、澧尾闾洪水削峰效果显著，沅江尾闾和澧水尾闾超额洪量分别减小了 0.70 亿 m³ 和 4.30 亿 m³。流域水库群联合防洪调度后，四水尾闾下游控制站的洪峰水位降低，特别是沅江尾闾的常德站，最高水位降低了 1.16m 之多，由之前的超防洪控制水位变为未超防洪控制水位。但由于 1998 年长江上游来流较大，四水流域水库群联合防洪调度对于城陵矶（莲花塘）站的洪峰水位影响较小。

（6）1998 年计算工况下，以汛期流域水库群联合防洪调度后的湘、资、沅、澧四水来流作为上边界条件，同时考虑城陵矶区域和澧水流域防洪目标，当津市站水位达到 44.00m 启用澧南垸、西官垸和九垸分蓄洪，当城陵矶（莲花塘）站水位达到 34.40m 时启用其余 12 处蓄滞洪区分蓄洪，城陵矶（莲花塘）站和津市站洪峰水位分别由分蓄洪前的 35.73m 和 44.91m 降低至分蓄洪后的 34.45m 和 44.07m，分别仅超过防洪控制水位 0.05m 和 0.07m，分蓄洪效果能够基本满足要求，保证洞庭湖区的防洪安全。

第6章 结论与建议

本文采用调查研究、统计分析、理论计算、方案论证等多种方法,针对四水流域及洞庭湖区展开研究。目前,四水流域及洞庭湖区防洪形势仍较严峻,洪涝灾害频发,一定程度上归因于该区四水不利洪水组合及防洪调度尚未能完全实现区域水库群防洪联合调度,且该区间洪水组合遭遇极其复杂,联合错峰补偿调度本身存在一定难度。因此,本研究旨在有效减轻甚至避免该区域洪水灾害损失,以充分发挥水工程防灾减灾效益,切实提升区域水库群防洪联合调度水平为目标,开展区域水库群联合调度研究,围绕水库汛期水位动态控制有关的汛期分期及分期洪水、水文预报信息可利用性、水库防洪调度、动态水位方案制定、风险指标和可接受的风险标准等方面开展了广泛、系统的研究,取得了以下创新性成果和研究结论。

6.1 研 究 结 论

(1) 梳理了湘、资、沅、澧四水流域主要控制站点与四水较大水库及四水干流低水头电站的相关资料,进行了资料审查和整理,结合已有流域洪水设计成果,完成四水流域及洞庭湖区湘潭、桃江、桃源、石门、七里山、莲花塘等主要控制站点的不同频率典型洪水共百余场次单站设计洪水、多场实测洪水资料整理工作,以及推求了不同洪水情景下的洪水过程和四水流域尾闾重要河段安全泄量,为后续水库群联合调度工作打下基础。

(2) 通过对四水已建水库、电站的工程实际、防洪能力、降雨洪水过程、洪水组成等进行分析,提出骨干水库的防洪挖潜调度方案,探索性地总结出干流有较大槽蓄能力的低水头电站参与流域水库群优化调度。

(3) 建立了单一流域水库群联合防洪调度模型与重点区域防洪调度方案,实现了针对不同来水过程水库群联合优化调度。针对不同洪水和不同保护目标进行调度,优选总结出流域的调度规则,形成了兼顾湘、资、沅、澧四水重点区域的单一流域水库群联合调度方案。

(4) 构建了基于风险分析的水库群汛限水位动态控制模型。该模型基于水库群两阶段防洪风险计算方法,构建以发电效益最大为目标函数的水库群汛期实时优化调度模型,采用预报-滚动模式不断求解当前时刻对应未来预见期内的最优调度决策,并实时评估最优决策的两阶段防洪风险率,作为防洪约束条件之一以规避防洪风险事件的发生,依次推进到调度期末得到水库群实时调度最优决策轨迹。

(5) 通过湘江干流梯级水库调研及预泄调度方案演练,对水库调度的影响进行分析,分析了湘江支流涔天河、双牌、欧阳海等水库调度对下游洪水过程线的影响,以及湘江干流低水头电站预泄对下游及区间洪水传播过程、下游水位流量关系的影响，并根据建库前后洪水的对比分析，总结了流域内涔天河等水库及低水头电站预泄对洪水的调节作用。

（6）构建了基于四水流域水库群联合防洪调度条件下的湖南省洞庭湖区洪水演进及分蓄洪模型。该模型以汛期流域水库群联合防洪调度后的湘、资、沅、澧四水来流作为上边界条件，同时考虑城陵矶区域和澧水流域防洪目标。对四水尾闾地区及洞庭湖区的典型洪水进行模拟计算，采用开启蓄滞洪区及优化上游水库群联合调度措施调蓄典型洪水。通过不同典型洪水优化调度，防洪作用较好。

（7）通过建立洞庭湖流域水库群联合协同防洪技术体系和开发一体化调度集成系统，实现面向大规模水库群、多河流、跨区域的联合防洪调度，在保证水工程安全条件下，使得四水流域的重要防洪对象及洞庭湖区防洪对象洪峰值、淹没范围减小，典型洪水年工况下降低洪灾损失约 11.3%，新增防洪效益和社会效益约 6.8 亿元，防洪效果显著，可为洞庭湖流域水库群防洪调度应用提供科学决策支撑。

6.2 主 要 创 新 点

为执行"依托黄金水道推动长江经济带发展"国家战略决策，以湖南省四水流域水库群联合防洪调度系统化、科学化和高效化为研究对象，实现洞庭湖流域防洪减灾的目标。本书围绕洪水遭遇、江河湖关系、水库挖潜、水库群联合防洪调度、"水库群＋堤防＋蓄滞洪区"综合调度以及系统集成开发等科学问题和技术瓶颈展开了针对性研究，解决了考虑防洪风险价值指标的流域水库群汛限水位动态控制、洞庭湖流域整体防洪和区域防洪耦合模型求解、一体化调度系统规模和时空尺度庞大及硬件体系结构和软件逻辑复杂的难题。主要创新性成果如下：

（1）针对气候变化和人类活动影响下洪水孕灾环境的改变，辨析了四水及洞庭湖流域灾害性洪水形成机理及多源洪水遭遇规律。收集四水及洞庭湖流域多场实测洪水资料，统计分析了四水、洞庭湖及长江的洪水组成和洪水遭遇规律；结合已有流域洪水设计成果，完成四水流域及洞庭湖区湘潭、桃江、桃源、石门、七里山、莲花塘等主要控制站点的典型洪水不同频率设计，推求了不同洪水情景下的洪水过程及四水尾闾重要河段安全泄量；厘清了气候变化、三峡水库运行和荆江段裁弯取直等洪水孕灾要素变化下流域灾害性洪水的形成机理、演变规律和发展趋势。研究成果可为洞庭湖流域水库群联合防洪调度提供有力的数据支撑和决策依据。

（2）针对水库群汛期运行水位精准调控问题，发展了动态控制技术，并引入防洪损失条件风险价值指标，构建了基于风险分析的水库群汛限水位动态控制模型。以湘、资、沅、澧四水流域水库群系统开展实例研究，将所提出的防洪损失条件风险价值指标由单库系统拓展到复杂的水库群系统，形成了基于条件风险价值的水库防洪风险评价新体系；结合水库群两阶段防洪风险计算方法，构建考虑发电效益最大的水库群汛期实时优化调度模型，采用预报-滚动模式不断求解当前时刻对应未来预见期内的最优调度决策，并实时评估最优决策的两阶段防洪风险率，依次推进到调度期末得到水库群实时调度最优决策轨迹。

（3）针对四水及洞庭湖区整体防洪与区域防洪耦合的建模难题，研究面向多区域防洪目标和基于逐次优化理论的水库群防洪调度协调技术，实现面向多区域防洪目标的水库群防洪联合调度。通过调查分析四水流域已建水库、电站的工程实际、防洪能力、降雨洪水过程、洪水组成等，提出骨干水库的防洪挖潜调度方案，探索性地总结出干流有较大槽蓄能力的低水头电站参与流域水库群优化调度；针对不同来水过程和防洪目标，分别构建了单一流域、四水和重点区域水库群联合防洪调度模型，设计了结合不同算法优点的 POA - DPSA 算法及改进策略，实现调度模型高效求解；此外，通过湘江干流梯级水库调研及预泄调度方案演练，对比分析建库前后洪水过程，总结了流域内涔天河等水库及低水头电站预泄对洪水的调节作用。

（4）针对河道原有来流过程受四水上游水库群调度的影响问题，构建了基于四水流域水库群联合防洪调度条件下的湖南省洞庭湖区洪水演进及分蓄洪模型。基于洞庭湖水下地形、河道断面等数据资料，以汛期流域水库群联合防洪调度后的四水来流作为上边界条件，同时考虑城陵矶区域和澧水流域防洪目标，构建洞庭湖复杂河网水系区的洪水演进及分蓄洪模型；进一步模拟四水水库典型年实际调度、优化联调及洞庭湖蓄滞洪区启用等因素下的不利洪水工况，分析汛期水库调度、蓄滞洪区启用前后外河控制点水位、时段洪量等指标变化，量化水库群联调、蓄滞洪区启用对防洪的影响，为区域防洪减灾决策服务。

6.3　建　　议

（1）建议完善四水及主要支流水文站点的布设，在各个支流与干流重要断面设立水文监测站点，在汛期提高水文资料获取频率，为防洪调度提供更加准确的洪水信息。

（2）加快水库群防洪调度与降雨洪水天-空-地立体监测与多源信息的融合，提高降雨洪水预报精度。

（3）建议提高流域河道和洞庭湖区的整体行洪能力，减轻上游水库的调洪压力，减少洪灾损失。

参 考 文 献

［1］ 杨柳，王晨颖，冯畅，等. 考虑水系演变的湘江流域洪水风险四维评价体系构建［J］. 农业工程学报，2023，39（3）：92－101.

［2］ 曾杭，杨琦，李权，等. 资水流域柘桃区间设计暴雨时空分布分析［J］. 长沙理工大学学报（自然科学版），2023，20（2）：70－81.

［3］ 林橙. 洞庭湖流域洪水遭遇建模分析［D］. 武汉：华中科技大学，2022.

［4］ 黎玮，谭攀辉. 澧水流域洪水特性和水库的防洪作用［J］. 湖南水利水电，2020（2）：26－28.

［5］ 仇红亚，李妍清，陈璐，等. 洞庭湖流域洪水遭遇规律研究［J］. 水力发电学报，2020，39（11）：59－70.

［6］ 罗文胜. 洞庭湖流域特大洪水灾害研究综述［J］. 中国农村水利水电，2023（2）：35－40，45.

［7］ 姚仕明，胡呈维，渠庚，等. 长江通江湖泊演变及其影响效应研究进展［J］. 长江科学院院报，2022，39（9）：15－23.

［8］ 赵延伟. 湖南省山丘区产汇流参数区域化研究［D］. 郑州：华北水利水电大学，2023.

［9］ 张超，彭杨，纪昌明，等. 长江上游与洞庭湖洪水遭遇风险分析［J］. 水力发电学报，2020，39（8）：55－68.

［10］ 陈涛，张芳华，于超，等. 2020年6—7月长江中下游极端梅雨天气特征分析［J］. 气象，2020，46（11）：1415－1426.

［11］ 王浩，王旭，雷晓辉，等. 梯级水库群联合调度关键技术发展历程与展望［J］. 水利学报，2019，50（1）：25－37.

［12］ 陈桂亚. 长江流域水库群联合调度关键技术研究［J］. 中国水利，2017（14）：11－13.

［13］ 郭生练，陈炯宏，刘攀，等. 水库群联合优化调度研究进展与展望［J］. 水科学进展，2010，21（4）：496－503.

［14］ 丁伟，周惠成. 水库汛限水位动态控制研究进展与发展趋势［J］. 中国防汛抗旱，2018，28（6）：6－10.

［15］ AFZALI R, MOUSAVI S J, GHAHERI A. Reliability － based simulation － optimization model for multireservoir hydropower systems operations：Khersan experience［J］. Journal of Water Resources Planning and Management，2008，134（1）：24－33.

［16］ PIANTADOSI J, METCALFE A V, HOWLETT P G. Stochastic dynamic programming（SDP）with a conditional value － at － risk（CVaR）criterion for management of storm － water［J］. Journal of Hydrology，2008，348（3/4）：320－329.

［17］ SOLTANI M, KERACHIAN R, NIKOO M R, et al. A conditional value at risk － based model for planning agricultural water and return flow allocation in river systems［J］. Water Resources Management，2016，30（1）：427－443.

［18］ HOWLETT P, PIANTADOSI J. A note on conditional value at risk（CVaR）［J］. Optimization，2007，56（5/6）：629－632.

［19］ WEBBY R B, ADAMSON P T, BOLAND J, et al. The Mekong － applications of value at risk（VaR）and conditional value at risk（CVaR）simulation to the benefits, costs and consequences of water resources development in a large river basin［J］. Ecological Modelling，2007，201（1）：89－96.

[20] WEBBY R B, BOLAND J, HOWLETT P G, et al. Conditional value – at – risk for water management in Lake Burley Griffin [J]. ANZIAM Journal, 2005, 47: 116 – 136.

[21] YAMOUT G M, HATFIELD K, EDWIN ROMEIJN H. Comparison of new conditional value – at – risk – based management models for optimal allocation of uncertain water supplies [J]. Water Resources Research, 2007, 43 (7).

[22] PIANTADOSI J, METCALFE A V, HOWLETT P G. Stochastic dynamic programming (SDP) with a conditional value – at – risk (CVaR) criterion for management of storm – water [J]. Journal of Hydrology, 2008, 348 (3/4): 320 – 329.

[23] SHAO L G, QIN X S, XU Y. A conditional value – at – risk based inexact water allocation model [J]. Water Resources Management, 2011, 25 (9): 2125 – 2145.

[24] SOLTANI M, KERACHIAN R, NIKOO M R, et al. A conditional value at risk – based model for planning agricultural water and return flow allocation in river systems [J]. Water Resources Management, 2016, 30 (1): 427 – 443.

[25] GREENWOOD J A, LANDWEHR J M, MATALAS N C, et al. Probability weighted moments: Definition and relation to parameters of several distributions expressable in inverse form [J]. Water Resources Research, 1979, 15 (5): 1049 – 1054.

[26] OBEYSEKERA J, IRIZARRY M, PARK J, et al. Climate change and its implications for water resources management in south Florida [J]. Stochastic Environmental Research and Risk Assessment, 2011, 25 (4): 495 – 516.

[27] MILLY P C D, BETANCOURT J, FALKENMARK M, et al. Climate change: Stationarity is dead: Whither water management? [J]. Science (New York, N. Y.), 2008, 319 (5863): 573 – 574.

[28] ROOTZÉN H, KATZ R W. Design Life Level: Quantifying risk in a changing climate [J]. Water Resources Research, 2013, 49 (9): 5964 – 5972.

[29] GUMBEL E J. The return period of order statistics [J]. Annals of the Institute of Statistical Mathematics, 1961, 12 (3): 249 – 256.

[30] LEADBETTER M R. Extremes and local dependence in stationary sequences [J]. Probability Theory and Related Fields, 1983, 65 (2): 291 – 306.

[31] SALAS J D, OBEYSEKERA J. Revisiting the concepts of return period and risk for nonstationary hydrologic extreme events [J]. Journal of Hydrologic Engineering, 2014, 19 (3): 554 – 568.

[32] CONDON L E, GANGOPADHYAY S, PRUITT T. Climate change and non – stationary flood risk for the upper Truckee River basin [J]. Hydrology and Earth System Sciences, 2015, 19 (1): 159 – 175.

[33] ROLF OLSEN J, LAMBERT J H, HAIMES Y Y. Risk of extreme events under nonstationary conditions [J]. Risk Analysis, 1998, 18 (4): 497 – 510.

[34] ROCKAFELLAR R T, ROYSET J O, MIRANDA S I. Superquantile regression with applications to buffered reliability, uncertainty quantification, and conditional value – at – risk [J]. European Journal of Operational Research, 2014, 234 (1): 140 – 154.

[35] TYRRELL ROCKAFELLAR R, URYASEV S. Conditional value – at – risk for general loss distributions [J]. Journal of Banking & Finance, 2002, 26 (7): 1443 – 1471.

[36] ARTZNER P, DELBAEN F, EBER J M. Coherent measures of risk [J]. Mathematical Finance, 1999, 9 (3): 203 – 228.

[37] MAYS L W, TUNG Y K. Hydrosystems engineering and management [M]. New York: McGraw – Hill, 1992.

[38] FENG M Y, LIU P, GUO S L, et al. Deriving adaptive operating rules of hydropower reservoirs using time – varying parameters generated by the EnKF [J]. Water Resources Research, 2017, 53

(8)：6885-6907.

[39] CRISTINA MATEUS M，TULLOS D. Reliability，sensitivity，and vulnerability of reservoir opera-tions under climate change [J]. Journal of Water Resources Planning and Management，2017，143 (4)：4016085.

[40] YANG P，NG T L. Fuzzy inference system for robust rule-based reservoir operation under nonsta-tionary inflows [J]. Journal of Water Resources Planning and Management，2017，143 (4)：4016084.

[41] XU W，ZHAO J，ZHAO T，et al. Adaptive reservoir operation model incorporating nonstationary inflow prediction [J]. Journal of Water Resources Planning and Management，2015，141 (8)：4014099.

[42] 水利部长江水利委员会水文局. 水利水电工程设计洪水计算规范：SL 44—2006 [S]. 北京：中国水利水电出版社，2006.

[43] 钟平安，曾京. 水库实时防洪调度风险分析研究 [J]. 水力发电，2008，34 (2)：8-9，42.

[44] 范子武，姜树海. 水库汛限水位动态控制的风险评估 [J]. 水利水运工程学报，2009 (3)：21-28.

[45] 王本德，于义彬. 防洪系统风险决策与管理的研究现状分析 [J]. 水文，2005，25 (1)：24-28，45.

[46] LIU P，LIN K R，WEI X J. A two-stage method of quantitative flood risk analysis for reservoir re-al-time operation using ensemble-based hydrologic forecasts [J]. Stochastic Environmental Re-search and Risk Assessment，2015，29 (3)：803-813.

[47] ZHOU H，TCHELEPI H A. Two-stage algebraic multiscale linear solver for highly heterogeneous reservoir models [J]. SPE Journal，2012，17 (2)：523-539.

[48] LI Y，LI Y H，LI G Q，et al. Two-stage multi-objective OPF for AC/DC grids with VSC-HVDC：Incorporating decisions analysis into optimization process [J]. Energy，2018，147 (15)：286-296.

[49] 张晓琦，刘攀，陈进，等. 基于两阶段风险分析的水库群汛期运行水位动态控制模型 [J]. 工程科学与技术，2022，54 (5)：141-148.

[50] ZHANG X Q，LIU P，XU C Y，et al. Real-time reservoir flood control operation for cascade res-ervoirs using a two-stage flood risk analysis method [J]. Journal of Hydrology，2019，577：123954.

[51] 傅湘，王丽萍，纪昌明. 洪水遭遇组合下防洪区的洪灾风险率估算 [J]. 水电能源科学，1999，17 (4)：23-26.

[52] 钟平安，邹长国，李伟，等. 水库防洪调度分段试算法及应用 [J]. 水利水电科技进展，2003，23 (6)：21-23，56.

[53] 陈森林，张亚文，李丹. 水库防洪优化调度的恒定出流模型及应用 [J]. 水科学进展，2021，32 (5)：683-693.

[54] 赵璧奎，邱静，黄本胜，等. 低水头大型水利枢纽汛期运行水位动态控制方法研究与应用——以长洲水利枢纽为例 [J]. 水利学报，2023，54 (5)：530-540.

[55] 朱迪，梅亚东，许新发，等. 复杂防洪系统优化调度的三层并行逐步优化算法 [J]. 水利学报，2020，51 (10)：1199-1211.

[56] JIANG Z Q，JI C M，QIN H，et al. Multi-stage progressive optimality algorithm and its applica-tion in energy storage operation chart optimization of cascade reservoirs [J]. Energy，2018，148：309-323.

[57] 谢柳青，刘光跃. 水库群优化调度新思路——逐级模拟复合法 [J]. 湖南水利，1997 (1)：30-34.

[58] 黄显峰，吴志远，李昌平，等. 基于改进粒子群-逐次逼近法的水库调度图多目标优化 [J]. 水利水电科技进展，2021，41 (2)：1-7.

［59］ LI X，LIU P，MING B，et al. Joint optimization of forward contract and operating rules for cascade hydropower reservoirs ［J］. Journal of Water Resources Planning and Management，2022，148（2）：4021099.

［60］ 胡杰. 水库群联合防洪优化调度与河道洪水演进模型研究 ［D］. 武汉：华中科技大学，2018.

［61］ 张侨. 马斯京根法在下游梯级水库入库洪水计算的应用 ［J］. 水利科技与经济，2015，21（9）：67-69.

［62］ 吕昊. 基于水动力学模拟的水库群多目标优化调度 ［D］. 武汉：华中科技大学，2022.

［63］ 李晓昭. 基于 MIKE11 的三峡库区洪水波传播规律研究 ［D］. 武汉：华中科技大学，2018.

［64］ 王珏，张海荣，孙振宇，等. 三峡库区洪水演进模拟及传播规律分析 ［J］. 人民珠江，2023，44（3）：9-16，39.

［65］ 徐卫红. 洞庭湖区复杂防洪系统数值模拟模型研究与应用 ［D］. 北京：中国水利水电科学研究院，2013.

［66］ WANG J，ZHAO J，ZHAO T，et al. Partition of one-dimensional river flood routing uncertainty due to boundary conditions and riverbed roughness ［J］. Journal of Hydrology，2022，608：127660.

［67］ FENG L，SUN X，ZHU X D. Impact of floodgates operation on water environment using one-dimensional modelling system in river network of Wuxi city，China ［J］. Ecological Engineering，2016，91：173-182.

［68］ 胡四一，施勇，王银堂，等. 长江中下游河湖洪水演进的数值模拟 ［J］. 水科学进展，2002（3）：278-286.

［69］ 方浩川. 扬州市河网水动力及水质模型建立与应用 ［D］. 扬州：扬州大学，2021.

［70］ 左一鸣，崔广柏. 二维水动力模型的并行计算研究 ［J］. 水科学进展，2008，19（6）：846-850.

［71］ LIU X D，LI L Q，Wang P，et al. Numerical simulation of wind-driven circulation and pollutant transport in Taihu Lake based on a quadtree grid ［J］. Water Science and Engineering，2019，12（2）：108-114.

［72］ 张志鸿，彭杨，罗诗琦，等. 移动网格下黄河下游游荡段二维水沙数值模拟 ［J］. 水力发电学报，2022，41（8）：30-41.